# "书院"生活

## 北航沙河新社区设计建造记

北京市建筑设计研究院有限公司叶依谦工作室
北京航空航天大学校园规划建设与资产管理处 主编

天津大学出版社
TIANJIN UNIVERSITY PRESS

图书在版编目（CIP）数据

"书院"生活：北航沙河新社区设计建造记 / 北京市建筑设计
研究院有限公司叶依谦工作室，北京航空航天大学校园规划建设与资
产管理处主编 . -- 天津：天津大学出版社，2022.10

ISBN 978-7-5618-7324-3

Ⅰ . ①书… Ⅱ . ①北… ②北… Ⅲ . ①高等学校－社区－建筑
设计－北京 Ⅳ . ① TU244.3

中国版本图书馆 CIP 数据核字（2022）第 185960 号

策划编辑：金　磊　韩振平工作室
责任编辑：朱玉红
装帧设计：朱有恒

"SHUYUAN" SHENGHUO: BEIHANG SHAHE XINSHEQU SHEJI JIANZAO JI

出版发行　天津大学出版社
地　　　址　天津市卫津路92号天津大学内（邮编：300072）
电　　　话　发行部：022-27403647
网　　　址　www.tjupress.com.cn
印　　　刷　北京华联印刷有限公司
经　　　销　全国各地新华书店
开　　　本　889×1194　　1/20
印　　　张　7 $\frac{4}{5}$
字　　　数　105千
版　　　次　2022年10月第1版
印　　　次　2022年10月第1次
定　　　价　79.00元

谨以此书
献给为北京航空航天大学的校园建设做出贡献的人们

# 序一

多校区建设是实现高校办学资源拓展最行之有效的手段，如何通过多校区建设实现从办学条件改善到办学能力提升的跃迁也是各高校重点关注的问题，这个从"量变"到"质变"的过程，必然伴随着校区资源整合、校区功能重构和校区配置优化。北京航空航天大学（以下简称"北航"）沙河校区西区学生生活区恰好是在这种理念下诞生的。

回溯沙河校区建设的初衷，北航与大多数高校建设分校区一样，都是为了解决1999年高校大规模扩招带来的办学资源紧张的问题。在原国防科工委批复新校区立项后，学校就开始紧锣密鼓地推进规划、征地和建设工作，并于2007年如火如荼地拉开一期建设的帷幕，陆续建成教学楼、实验楼、宿舍、食堂等建筑，形成可满足本科低年级教学需求的大学校区，极大地缓解了办学规模与办学资源不匹配的矛盾。

党的十八大提出"推动高等教育内涵式发展"，要求高等学校切实转变发展观念，树立科学的质量观，从偏重于数量增长和规模扩大的外延式发展，向更加注重质量和效益提升的内涵式发展转变。在这一背景下，学校重新明确了两校区的功能定位和学科布局，开启两校区"双核"新格局，沙河校区承载学校航空航天、材料制造和交通科学等学科，逐步从应对大学扩招的纯教学型校区调整为科教综合型大学校区。基于此，学校以"功能完善，比例协调""布局合理，统筹兼顾""集约用地，预留发展"为原则进行沙河校区规划方案的优化，并加快推动沙河校区建设。

沙河校区西区学生生活区的建设是充实基本办学资源、提升校区保障能力、实现两校区布局调整的先决条件。

该项目于2020年1月6日正式开工建设，春节期间，史无前例的新型冠状病毒肺炎疫情（以下简称"疫情"）汹涌来袭，学校党委科学研判、果断决策，地方政府亲临指导、鼎力支持，项目团队反复推演、严阵以待，参建各方凝心聚力、精准施策，克服重重困难，坚决筑牢疫情管控防线，积极推进复工复产，使此项目成为昌平区第一个复工复产的项目。在严格落实疫情防控各项措施的前提下，建设团队稳妥有序地推进复工复产，精心细致地做好项目策划，扎实高效地开展工程建设，提前15个月完成了项目建设，取得了良好的经济效益和社会效益。在此，向给予项目关心和支持的各级领导、向奋斗在项目一线的建设者们表示衷心的感谢。

《礼记·中庸》有云，"致广大而尽精微"，希望北航的建设者们深刻理解"双核"发展内涵，并以此为新的起点，以更加高昂的斗志、更加振奋的精神、更加积极的态度、更加务实的作风，进一步发扬项目建设管理中涌现出来的攻坚克难、顽强拼搏的精神，扎实做好本职工作，为积极推进学校"双核"发展格局、加快建设世界一流大学的宏伟目标而不懈奋斗！

北京航空航天大学副校长

序二

北京市建筑设计研究院有限公司（以下简称"北京建院"）
与北京航空航天大学的渊源可以一直追溯到 20 世纪 50 年代北
航建校之初第一批教学楼的规划设计。在北航档案馆里可以看
到当年珍贵的图纸资料，设计单位是北京建院，图签栏里总工
的名字是当年北京建院"八大总"之一的杨锡镠。这些建筑已
经以"北京航空航天大学近现代建筑群"的名义被整体收录在"第
三批中国 20 世纪建筑遗产名录"之中。

在之后半个多世纪的时间里，承蒙学校信任，北京建院又陆
续为北航设计了相当多的建筑，较有影响力的包括柏彦大厦、
逸宁大厦、北航新主楼、唯实大厦、致真大厦、北区宿舍食堂、
号及北区实验楼、3 号教学楼（改造）、沙河校区宿舍食堂、
沙河校区图书馆等。这些项目，既得到了学校的肯定，也获得
了颇多的设计奖项。其中沙河宿舍校区食堂是北京建院为北航
沙河校区设计的第一个项目。

项目的建设是在十八大以来北京疏解非首都核心功能，城市
核心区减量发展的新总体规划要求的背景下，以及北航寻求学
院路和沙河两校区"双核"发展新格局、打造复合式学生生活
社区的强烈内在需求背景下启动的。北京建院的设计团队和学
校基建部门精诚合作，充分调研沟通，反复推敲论证，结合北
京建院设计建成的学院路北区食堂宿舍的经验打造"升级版"，
最终交付给学校一个完成度高、精细化程度高、创新性强的建
筑设计作品。

项目的建设和运维充分展现了北航作为传统工科院校的务实
精神和技术积淀，最终，不但将建筑设计完美呈现，更打造了一
个智慧型的"书院"社区，为中国的高校基建树立了新标杆。

回顾北京建院与北航近 70 年的合作历程，可谓硕果累累。
展望未来，也衷心希望北京建院能继续为北航的校园建设尽绵
薄之力！

北京市建筑设计研究院有限公司党委书记、董事长

宿舍下沉庭院内景

# 目录

宿舍庭院内立面

**一、有机延续校园空间规划的组团式建筑空间形态**

　　北京航空航天大学（原北京航空学院）成立于 1952 年，是新中国第一所航空航天类高等学府。随着北京航空航天大学的发展，学院路校区的用地及建筑面积已经不能满足学校教学、科研的需求，学校于 2001 年启动沙河校区建设，同时响应国家及北京市号召，助力"非首都功能疏解""京津冀协同发展"等重大战略的实施，历经 20 余年，沙河校区整体面貌逐渐呈现。

　　北航沙河校区规划历经数次更迭，原有校园规划为"组团式"布局模式，后结合沙河校区的功能需求，逐步转变为"中轴线 + 中心建筑 + 组团建筑"的布局模式。北航沙河校区本科生宿舍、研究生宿舍、食堂项目位于校区西北角，设计伊始，设计团队就确定了尊重校园整体规划的总基调，充分考虑校园公共空间不足、现存建筑尺度较大等因素，力求打造尺度适宜、充满活力的学生社区，实现校园建筑与环境的有机延续与拓展。

**二、富有活力的"书院式"学生社区**

　　"书院"是起源于我国唐代、确立于宋代的一种教育制度和教育机构相融合的形态。近年来，我国高校以"书院制"教育作为教育改革的一种积极探索和有效尝试，促进通识教育和专才教育结合，促进学生文理渗透、专业互补，鼓励不同专业背景的学生互相学习交流，"书院制"教育成了一种新的潮流。北航正是这种探索的先行者之一，也是亚太高校书院联盟成员之一。

　　北航沙河校区周边城市配套设施不足，同时传统宿舍模式已无法适应大学生活的丰富性和多样化的需求。设计团队提出了以学生生活为核心的"书院式学生社区"理念，将居住、餐饮、学习、社交、生活功能场景融为一体。设计方案同时满足学习研讨、社团活动、公共服务、体育健身、餐饮休闲等活动内容，使建筑成为师生学习生活和社交活动的空间载体。

设计中将不同功能的空间分散布置于地下，结合下沉庭院，形成宽敞明亮、融合连通、充满活力的多元服务设施体系。

## 三、流动交融的多层级社区公共空间

早在本项目启动的 2016 年，北京市的规划部门就开始调整城市规划与城市发展的总体思路，严格控制城区的建设指标规模。就本项目而言，地上新建建筑面积与拆除的建筑面积严格对应是规划部门提出的基本要求。原北区宿舍就存在面积指标不足、配套设施缺失的问题，若想进一步完善功能空间，向地下空间发展成了设计的必然选择。

地上宿舍建筑通过两两相扣、底层架空、开口错动等手法形成连续流动的院落空间，食堂接驳于校园主环路，食堂南侧设置入口广场，食堂三层出挑形成檐下空间，此处成为联系校园中心区最有活力的进出场所。

设计结合地上院落与广场，嵌入下沉庭院，下沉庭院串联起大学生创新中心及学习研讨、社团活动、公共服务、体育健身、餐饮休闲等功能空间，结合庭院柱廊、室外台阶、半室外通廊、曲线转角等设计，形成地上地下互动、流动连续的多层次公共活动空间。

景观设计结合公共空间，强调交通的通达性、设计元素的一致性、植物搭配的丰富性和多样互动场地的活力性；宿舍院落 4 个下沉庭院结合植物搭配和景观小品设计体现不同主题，从北向南分别为"揽月园""春华园""天问园""秋实园"，突出庭院的差异性和识别度。

## 四、模块化的单元式居住空间模式

与国内其他高校类似，北航的学生宿舍几乎全部是通廊式布局，在标准化程度高、效率高的同时，空间形态与居住模式单一的问题不可避免。本项目中学生宿舍的使用对象以硕博研究生为主，保证居住空间的私密性、舒适温馨的居住空间体验和严格的居住指标限制是设计团队面对的挑战。经过反复调研、分析、比选，设计团队创造性地提出了单元式、模块化的宿舍居住模式。

居住组团共有 5 栋建筑，每栋建筑均划分为 3 个具有独立电梯的居住单元模块，极大提升了宿舍空间的私密性和环境品质。每个居住单元模块中嵌入卧室（宿舍）、卫生间、淋浴间、自习室、晾晒区等功能，形成 8 室 1 厅或 10 室 1 厅的户型格局，给居住者带来家庭般的体验。

高校宿舍的流动性大，本、硕、博各级学生的居住指标均不相同，因此学校对宿舍的灵活转换也有着强烈需求。设计团队充分考虑模块单元的灵活性，建筑采用 7.2 m 柱网间距灵活划分出

宿舍立面

宿舍立面局部

2 间博士生宿舍或 3 间硕士生宿舍，实现了在主体结构、主要配套服务设施均不改变的条件下灵活转换的功能，以适应不同时期不同阶段学生的住宿需求。

## 五、立足适宜技术的可持续校园建筑

本项目结合地下一层、地面层、屋顶平台层设置多层级景观绿化，改善局部微环境，提升环境品质。

组团院落空间、下沉庭院和屋顶庭院在营造人性化空间尺度的同时，使空间的采光通风自然舒适。

宿舍居室采用小进深模式，在获得良好自然光线的同时实现了自然通风。

宿舍屋顶采用高效太阳能生活热水系统，满足宿舍区生活热水和厨房区用水需求；建筑周边和下沉庭院均采用下凹式绿地，充分进行雨水的滞蓄和净化。

## 六、创新发展的高校食堂空间模式

食堂就餐空间的布置引入"商业街"模式，在入口前厅两侧布置多业态的就餐空间。首层前厅西侧为大伙餐厅，东侧为品牌餐饮，引入社会化经营，延长师生就餐时间，丰富就餐品类；二层西侧为风味餐厅，东侧为咖啡厅；三层西侧为中餐厅，东侧为西餐厅；地下一层为清真餐厅，面向下沉庭院；同时在各层前厅均设置水吧，进一步丰富食堂的餐饮类型。

设计团队充分考虑食堂就餐空间大进深、高能耗的空间弊端，结合北方的气候特点，在就餐空间东、南、西设置通透的落地玻璃幕墙，增加自然采光；在食堂三层引入中间庭院，增加自然采光面，改善了大进深的采光问题。

设计还充分考虑到就餐空间的全时使用，使其在非就餐时段，可作为自习室、社团活动室等多功能场所。

## 七、主要技术指标

项目建设用地面积：58 670 m²

总建筑面积：148 439 m²

地上建筑面积：83 183 m²

地下建筑面积：65 256 m²

建筑层数：宿舍 10 层 /-2 层　食堂 3 层 /-2 层

建筑高度：32 m

宿舍数：2 648 间

食堂餐位数：2 188 位

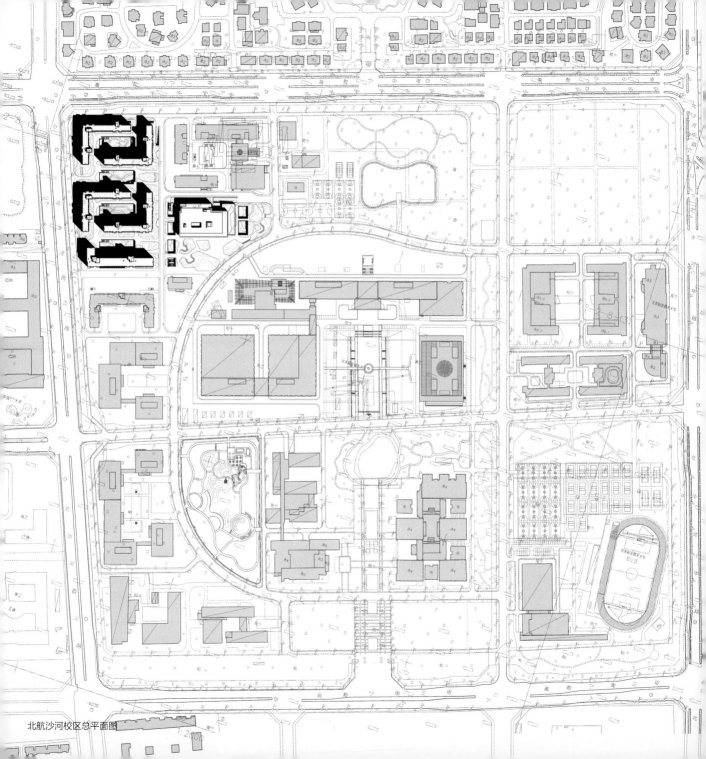

北航沙河校区总平面图
1:2000

## 一、源起发展

北京航空航天大学学院路校区逐渐进入存量发展阶段，为满足校园进一步发展的需求，北航于 2001 年启动沙河校区建设。北航沙河校区整体规划以 2003 年何镜堂院士的规划方案为底本。何镜堂院士的规划方案秩序灵动，呈现多组团布局。后因容积率调整及学校功能需求变化，规划方案经过数次更迭，逐渐形成"中轴线＋中心建筑＋组团建筑"的布局模式。

截至 2016 年，沙河校区已建成国家实验室主楼、1 号公共教学楼、1 号及 2 号公共实验楼、1 号 ~4 号学生集体宿舍、东区食堂及综合楼、1 号及 2 号重点实验楼、风雨操场等项目，建成总建筑面积约 37 万 m²。

2016 年起，北京建院作为北京航空航天大学长期设计服务单位，开始介入北航沙河校区的规划建设，结合 2013 年沙河校区教职工宿舍规划条件〔2013 规条字 0086 号〕和功能需求调整规划方案。规划方案的调整延续了原先的校区总体规划、校园容积率及绿地率等规划设计指标，对校区的规划格局进行了梳理和整合，取得《关于北京航空航天大学沙河校区总体调整审查意见的复函》〔2017 规复函字 0016 号〕。

2017 年 10 月，学校组织了北京航空航天大学沙河校区学生宿舍食堂（以下简称"本项目"）及学生服务中心的设计方案竞赛，北京建院取得本项目设计权。

2018 年，结合中标方案，按照规划部门的要求以及具体功能对接，设计团队对沙河校区规划方案进行了迭代更新，取得《沙河校区总体规划意见复函》〔2018 规土复函字 0019 号〕，并在此规划基础上，陆续开展学生 10 公寓、学生服务中心、2 号科研组团、图书馆等项目设计。

## 二、方案创作

2017 年 10 月，学校组织了本项目的设计方案竞赛，参与单位既有国内一线大院，也有国际知名设计事务所，如何打败众多

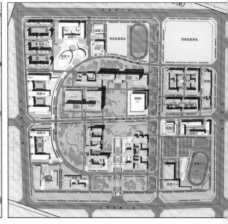

北航沙河校区规划方案的建筑布局方式由最初的"组团式"（左图），经过中期调整（中图），逐步转变为"中轴线 + 中心建筑 + 组团建筑"的布局模式（右图）

高手，提交一份令设计方和业主都满意的答卷，成为北京建院首先面对的重要课题。

　　竞赛的设计范围既包含本项目宿舍食堂地块，也包含北侧留学生宿舍地块以及东侧学生服务中心地块，整体方案设计更接近于校园区域级的规划设计。

　　从校园整体规划入手，基于沙河校区"中轴线 + 中心建筑 + 组团建筑"整体布局分析，设计团队认为宿舍食堂地块、留学生宿舍地块、学生服务中心地块应延续组团布局；合理控制建筑尺度，打造具有活力的校园公共空间；合理规划交通流线，实现人车分流。

　　在设计理念层面，整体设计理念定位于"书院式学生社区"，在北京市减量发展的大的政策背景下，地上指标全部用于本项目

宿舍、食堂等核心功能，充分挖掘地下一层的功能潜力，设置大学生创新中心、阅览室、超市、自习室、健身房等，打造一个地上地下互动、充满活力的学生社区，通过在地面层设置大大小小不同尺度的下沉庭院，将地下空间地上化，形成开放、明亮、流动的公共空间。

　　在建筑布局方面，宿舍地块为南北向长方形用地，通过对不同宿舍模式进深的比较，在满足日照的前提下，采用了 5 排建筑布置方式，最大限度地增加南北向宿舍房间的数量；充分考虑沙河校区冬季多风的特点，通过围合处理，采用 L 形对扣布局，把区域风环境做到最优；通过体形开口错动、底层架空等手法，加强不同庭院之间的联系和流动感。食堂地块位于宿舍东侧，和学校主环路接驳，设计对食堂的定位是打造本区域最具有活力和场

"书院"生活：北航沙河新社区设计建造记

校园鸟瞰图

宿舍内庭院立面

所感的公共建筑。留学生宿舍地块和学生服务中心地块同为围合式布局，与宿舍食堂地块相呼应。

在宿舍模式方面，随着国家对教育投入力度的加大，以及当代大学生更多的发展诉求，传统中走道筒子楼宿舍模式越来越难以适应大学生的发展要求。设计团队结合了中走道宿舍模式的高效率和单元式宿舍模式的归属感，按照住宅单元划分宿舍，每个单元包含了宿舍、交流学习空间、卫生间、淋浴间、晾晒区等功能，形成8室1厅、10室1厅等不同的户型单元，提高了居住品质。宿舍平面采用7.2 m柱网间距，每跨可以分为2间两人宿舍或3间单人宿舍，满足硕士生、博士生不同的住宿标准；考虑在读博士夫妻以及残疾人士等不同人群的需求，设置夫妻宿舍及无障碍宿舍。

基于北航学院路校区北区学生食堂的设计经验，设计团队在沙河校区食堂又有了新的探索和推进，主要体现在：①就餐模式多元化，食堂地下一层为清真餐厅，首层为大伙餐厅和品牌餐饮，二层为风味餐厅、咖啡厅，三层为中餐厅和西餐厅，多元化的餐饮类型满足了学生和教职工的不同就餐需求；②空间功能全时化，考虑到就餐空间的全时使用，在非就餐时段，就餐空间可以作为学生自习、交流的空间使用；③改善食堂建筑大进深需求和自然采光之间的矛盾，在设计中采用内嵌庭院、落地玻璃等处理措施，增加就餐区的采光面，减少人工照明能耗。

## 三、调研深化

2018年3月，设计团队和学校建设者参观调研了浙江大学海宁校区、西安利物浦大学。两所大学均为新近建设的且宿舍和配套功能均采用的是复合型模式，结合调研，学校建设者再次确认了本项目宿舍食堂的设计理念，并提出更高要求。

设计团队在纵向和横向两个方向展开深化设计。在纵向上，通过总结北航学院路校区的设计、建设、使用经验，结合业主具体使用需求进一步优化设计；在横向上，通过调研成果及相关案例分析，使方案进一步完善。方案深化主要体现在以下几个方面。

整体流线设计明确人车分流，通过优化汽车坡道位置，在宿舍食堂区块内部实现平时车辆不进入，仅在紧急情况下消防车进入；通过对管理模式的梳理，延续学院路北区食堂双主层概念，通过人脸识别、监控实现单元入口管理，减少管理成本。

优化地下空间设计，减少北向部分檐廊，提高使用率；结合流线，取消和调整部分庭院中的连桥；将地下空间分出几个区域，设置主入口空间，在每个庭院设置主题色，增强地下空间的识别性。

进一步优化建筑形体，减少宿舍部分底层架空，通过软件模拟，将主要区域冬季风速控制在 5 m/s 以下；食堂项目控制出挑长度，取消一、二层就餐空间内部庭院，仅保留三层就餐空间庭院，提高使用率。

在立面设计方面，简化投标方案立面，增加宿舍的居住属性，体现理工科院校特点；维持水平空调位模式，立面采用单元式处理手法，结合客厅、晾晒区等位置进行局部变化，适当增加颜色，提高建筑的可识别性。

优化食堂设计，通过和后勤部门的对接，充分考虑后勤人员的使用习惯，优化厨房布局和机电配置；考虑厨房工艺需密切配合，优化食堂人员和货物进出流线；结合厨房运营模式，优化食堂管理、后勤布置等；在前厅设置水吧，使交通空间和使用功能相结合，丰富就餐体验。

## 四、工程阶段

2019 年 6 月—2019 年 10 月，初步设计和施工图设计阶段。
2019 年 11 月—2020 年 1 月，外审、施工招标阶段。
2020 年 1 月—2021 年 5 月，工程建设阶段。
2021 年 5 月—2021 年 8 月，项目验收阶段。
2021 年 9 月，项目投入使用。

食堂西立面

# 方案创作

## 投标方案

2017 年 10 月—2017 年 11 月

东南鸟瞰图（效果图）

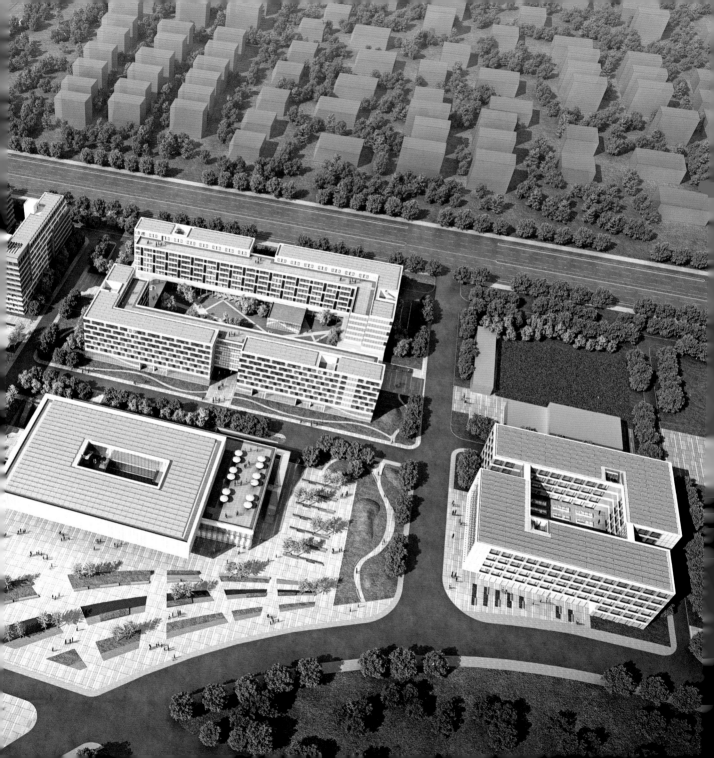

西侧街景图（效果图）

"书院"生活：北航沙河新社区设计建造记

宿舍组团下沉庭院人视图（效果图）

宿舍组团人视图（效果图）

"书院"生活：北航沙河新社区设计建造记

食堂东南向人视图（效果图）

# 拓展校园规划

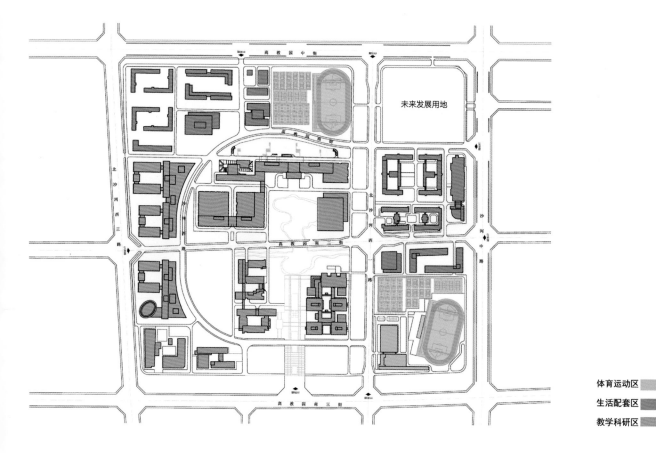

未来发展用地

体育运动区
生活配套区
教学科研区

## 一、功能布局规划——强化功能分区

    设计团队在原有校园总体规划和现有基础上，明确、强化功能布局分区，形成教学科研区、生活配套区、体育活动区三大功能分区，同时通过规划设计和指标整合，预留未来发展用地。

"书院"生活：北航沙河新社区设计建造记

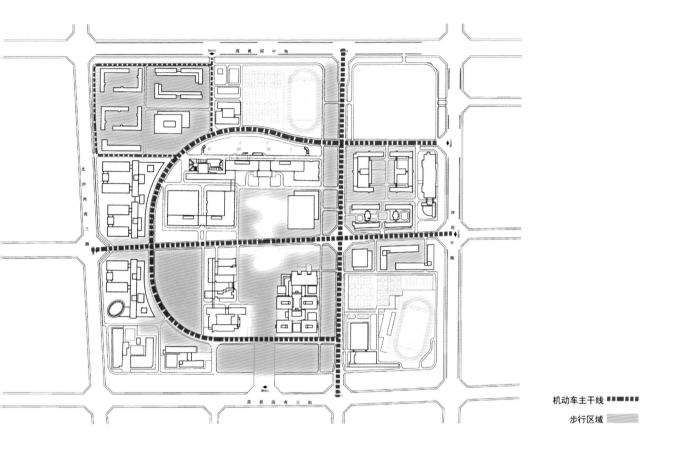

机动车主干线 ■■■■■■
步行区域

**二、交通组织规划——实现步行优先**

　　设计团队在尊重既有机动车道路骨架的前提下，优化机动车
道路布局和车流组织，力求人车分流。强化步行系统规划，在组
团内部和组团之间实现步行优先。

中轴线 ▪▪▪▪▪

中心建筑

组团建筑

## 三、空间形态规划——延续组团布局

　　校园规划采取"中轴线 + 中心建筑 + 组团建筑"的布局模式，未来建设的教学科研区和生活配套区均应延续组团布局模式，并在尺寸、形态方面与建成区相协调。

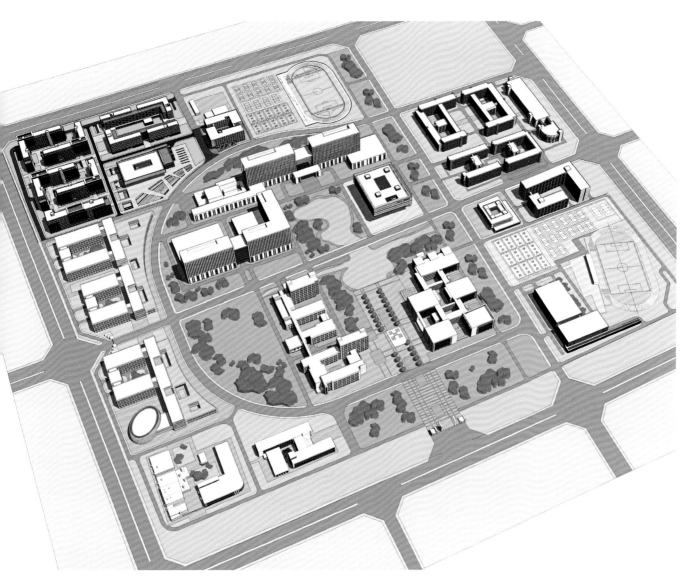

调整、拓展后的校园规划模型

# 打造"书院"社区

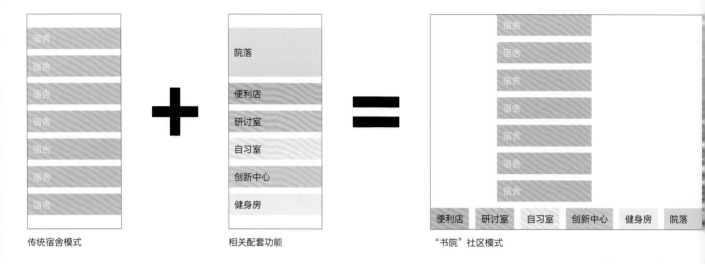

传统宿舍模式 相关配套功能 "书院"社区模式

理想的"书院"社区模式具有配套功能均匀分布、上下联系便捷、充满活力的特点

## 一、概念生成

　　设计团队希望打破学生宿舍只具备居住功能的单一模式，充分融合学习研讨、举办社团活动、公共服务、体育健身、休闲餐饮等一系列功能，使学生宿舍成为富有活力和吸引力的、复合型的社区综合体。

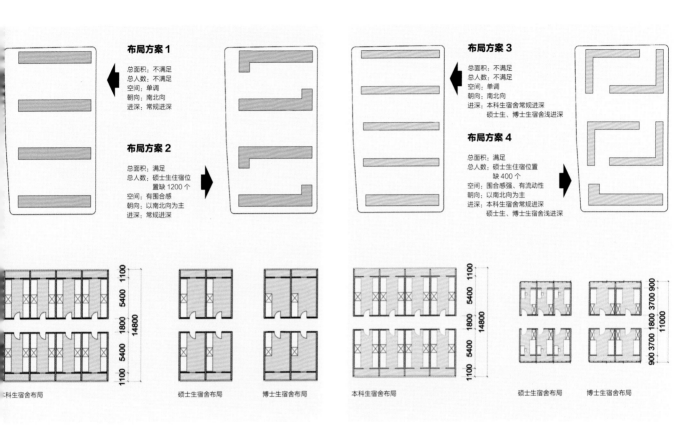

### 布局方案 1

总面积：不满足
总人数：不满足
空间：单调
朝向：南北向
进深：常规进深

### 布局方案 2

总面积：满足
总人数：硕士生住宿位
　　　　置缺 1200 个
空间：有围合感
朝向：以南北向为主
进深：常规进深

### 布局方案 3

总面积：不满足
总人数：不满足
空间：单调
朝向：南北向
进深：本科生宿舍常规进深
　　　　硕士生、博士生宿舍浅进深

### 布局方案 4

总面积：满足
总人数：硕士生住宿位置
　　　　缺 400 个
空间：围合感强、有流动性
朝向：以南北向为主
进深：本科生宿舍常规进深
　　　　硕士生、博士生宿舍浅进深

本科生宿舍布局　　硕士生宿舍布局　　博士生宿舍布局　　本科生宿舍布局　　硕士生宿舍布局　　博士生宿舍布局

布局方案 1 及布局方案 2 中，本科生宿舍与硕士生、博士生宿舍共同采用的是 14 800 mm 的进深布局

布局方案 3 及布局方案 4 中，本科生宿舍采用 14 800 mm 的进深布局，硕士生及博士生宿舍则采用的是 11 000 mm 的浅进深布局方式

## 二、布局分析

本项目的主要服务对象为硕士、博士，其具有入住人数多、人均居住标准高的特点。设计团队结合场地和任务需求，综合比选，确定本项目采用组团布局模式。

## 三、功能组成

　　本方案将学生居住、学习、生活功能相结合，形成"书院式"复合学生社区。学生宿舍区由南至北分别为本科生宿舍楼、博士生组团、硕士生组团，共可满足 5 400 名学生的入住需求，地下一层为书院社区，为学生提供配套服务功能，地下二层为汽车车库及机电用房。

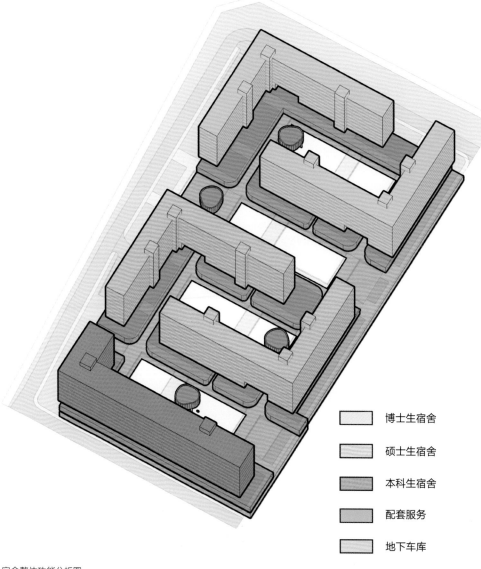

| | 博士生宿舍 |
| --- | --- |
| | 硕士生宿舍 |
| | 本科生宿舍 |
| | 配套服务 |
| | 地下车库 |

宿舍整体功能分析图

"书院"生活：北航沙河新社区设计建造记

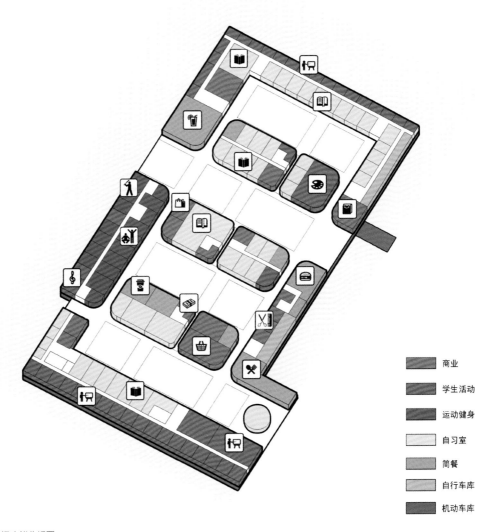

宿舍地下空间功能分析图

| | 商业 |
|---|---|
| | 学生活动 |
| | 运动健身 |
| | 自习室 |
| | 简餐 |
| | 自行车库 |
| | 机动车库 |

# 构建公共空间

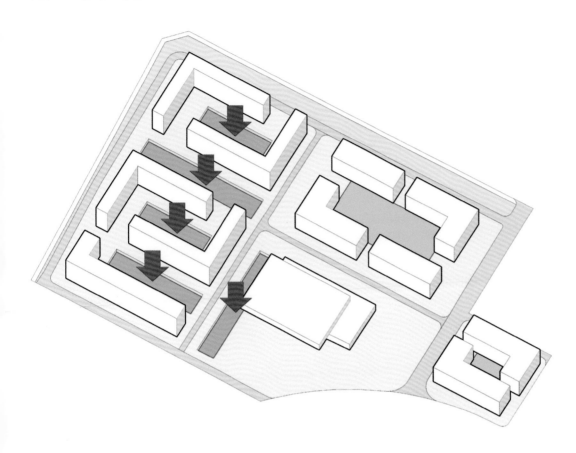

## 一、嵌入下沉庭院

　　结合广场与院落空间，设计团队在建筑间巧妙布置了 5 个室外庭院空间，使之成为组织地上、地下功能空间的核心。

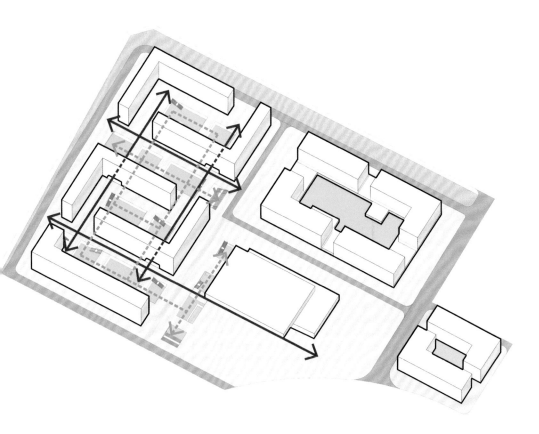

## 二、连续院落空间

建筑采用围合、错动、架空等方式，营造连续且流动的院落空间。

## 三、多层次公共空间

　　地面以公共广场及步行街串联各庭院、地下空间，以步行街、檐廊串联下沉广场和绿化庭院，共同打造以"立体化步行系统"串联的公共空间。

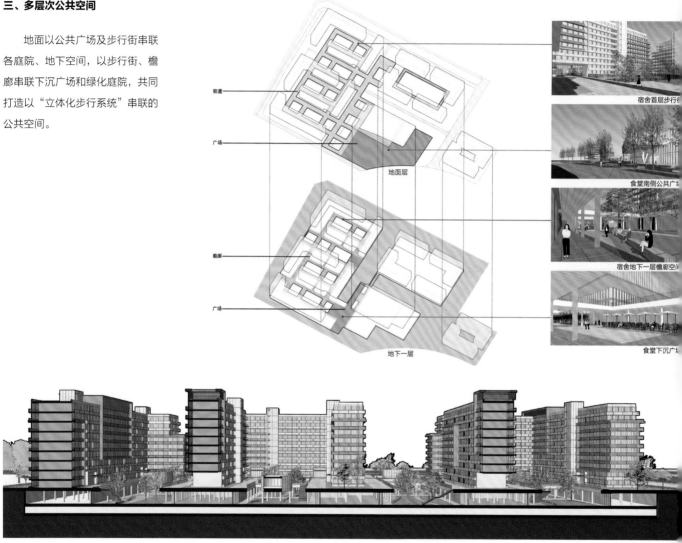

街道

广场

地面层

檐廊

广场

地下一层

宿舍首层步行街

食堂南侧公共广场

宿舍地下一层檐廊空间

食堂下沉广场

多层次空间

# 改善居住模式

## 一、居住组团单元

　　项目共设有 14 个单元、24 个居住模块，其中包含博士生住宿单元 6 个、居住模块 10 个；硕士生住宿单元 6 个、居住模块 10 个；本科生住宿单元 2 个、居住模块 4 个。

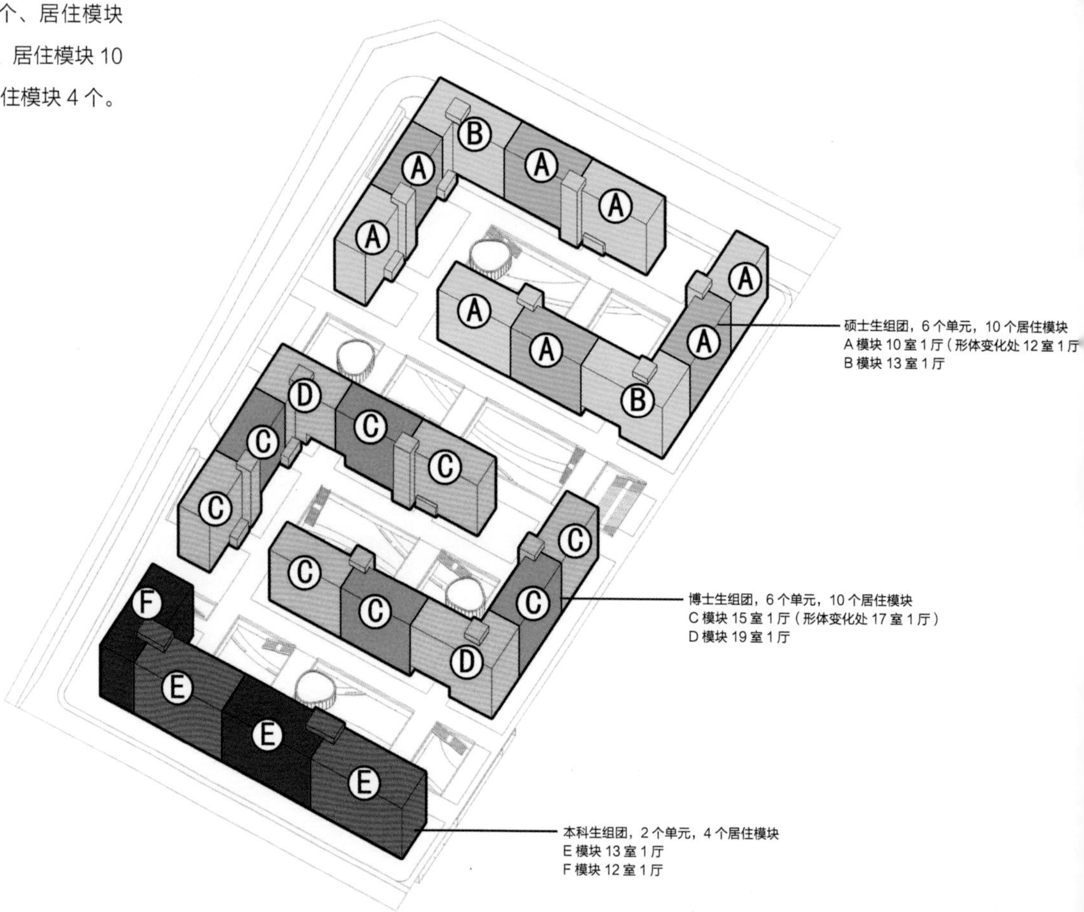

硕士生组团，6 个单元，10 个居住模块
A 模块 10 室 1 厅（形体变化处 12 室 1 厅）
B 模块 13 室 1 厅

博士生组团，6 个单元，10 个居住模块
C 模块 15 室 1 厅（形体变化处 17 室 1 厅）
D 模块 19 室 1 厅

本科生组团，2 个单元，4 个居住模块
E 模块 13 室 1 厅
F 模块 12 室 1 厅

## 二、组团平面布置

　　设计团队打破传统宿舍中通廊式的居住模式，将每栋楼划分为不同
的单元，提升了宿舍空间的私密性和环境品质。

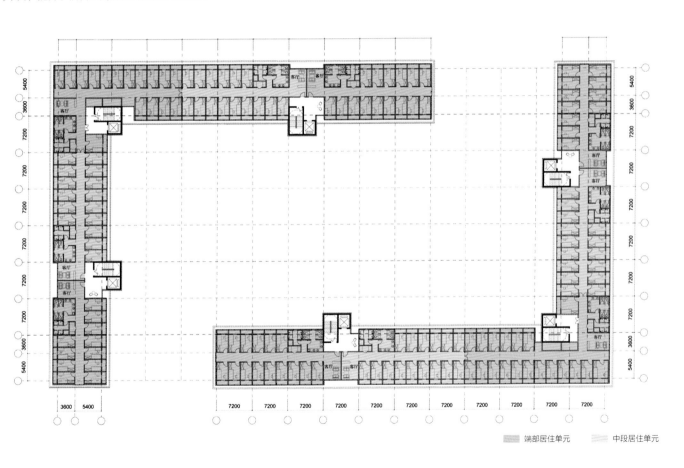

端部居住单元　　中段居住单元

博士生基本单元套型

**每套标准（男）**

| 户型 | 人数 | 淋浴头 | 坐便器 | 小便斗 | 洗衣机 |
|---|---|---|---|---|---|
| 17室1厅 | 17 | 4.25 | 8.5 | 8.5 | 1 |

**每套标准（女）**

| 户型 | 人数 | 淋浴头 | 坐便器 | 小便斗 | 洗衣机 |
|---|---|---|---|---|---|
| 17室1厅 | 17 | 4.25 | 4.25 | — | 1 |

淋浴头、坐便器、小便斗单位均为：人/个

**每套标准（男）**

| 户型 | 人数 | 淋浴头 | 坐便器 | 小便斗 | 洗衣机 |
|---|---|---|---|---|---|
| 15室1厅 | 15 | 3.75 | 7.5 | 7.5 | 1 |

**每套标准（女）**

| 户型 | 人数 | 淋浴头 | 坐便器 | 小便斗 | 洗衣机 |
|---|---|---|---|---|---|
| 15室1厅 | 15 | 3.75 | 3.75 | — | 1 |

淋浴头、坐便器、小便斗单位均为：人/个

硕士生基本单元套型

**每套标准（男）**

| 户型 | 人数 | 淋浴头 | 坐便器 | 小便斗 | 洗衣机 |
|---|---|---|---|---|---|
| 12室1厅 | 24 | 6 | 12 | 12 | 1 |

**每套标准（女）**

| 户型 | 人数 | 淋浴头 | 坐便器 | 小便斗 | 洗衣机 |
|---|---|---|---|---|---|
| 12室1厅 | 24 | 6 | 6 | — | 1 |

淋浴头、坐便器、小便斗单位均为：人/个

**每套标准（男）**

| 户型 | 人数 | 淋浴头 | 坐便器 | 小便斗 | 洗衣机 |
|---|---|---|---|---|---|
| 10室1厅 | 20 | 5 | 10 | 10 | 1 |

**每套标准（女）**

| 户型 | 人数 | 淋浴头 | 坐便器 | 小便斗 | 洗衣机 |
|---|---|---|---|---|---|
| 10室1厅 | 20 | 5 | 5 | — | 1 |

淋浴头、坐便器、小便斗单位均为：人/个

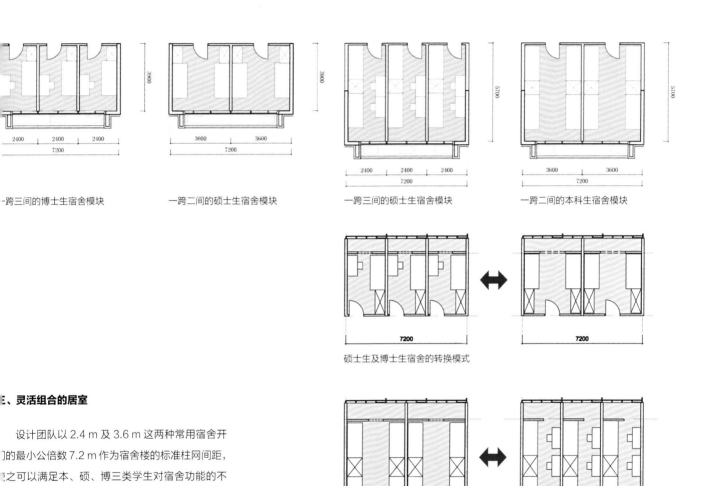

一跨三间的博士生宿舍模块

一跨二间的硕士生宿舍模块

一跨三间的硕士生宿舍模块

一跨二间的本科生宿舍模块

硕士生及博士生宿舍的转换模式

硕士生及本科生宿舍的转换模式

**三、灵活组合的居室**

    设计团队以 2.4 m 及 3.6 m 这两种常用宿舍开间的最小公倍数 7.2 m 作为宿舍楼的标准柱网间距，使之可以满足本、硕、博三类学生对宿舍功能的不同使用要求。7.2 m 的柱网间距同时满足了在后期使用过程中，2.4 m 及 3.6 m 宿舍开间的灵活转换，适应入住学生类别及规模的变化，使宿舍具有最大的灵活调整性。

# 绿色生态技术

## 一、采用低成本、高效益的绿色生态技术

　　本项目结合地下、地面及屋顶设置多层级景观绿化，提升环境品质。方案采用组团式空间布局和小进深平面布置，实现了良好的自然采光通风。建筑采用太阳能热水系统、空气源热泵系统、光伏发电系统等绿色节能措施。

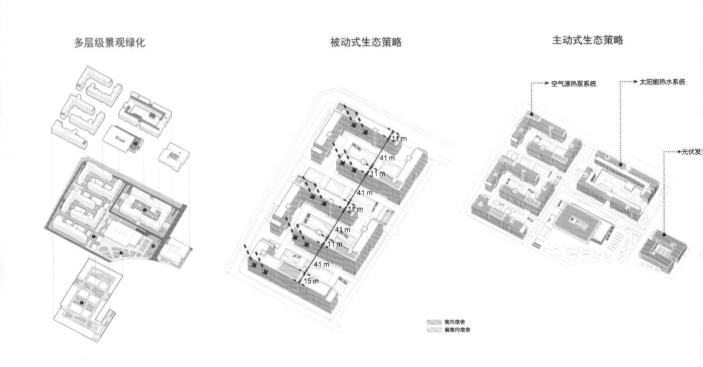

多层级景观绿化　　　　　　　　被动式生态策略　　　　　　　　主动式生态策略

## 二、雨水综合利用

建筑场地采用下凹绿地、可透水铺装，实现雨水的收集和调蓄。

实土绿化

覆土绿化

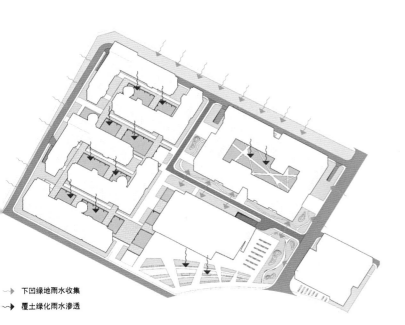

⇢▶ 下凹绿地雨水收集

⇢▶ 覆土绿化雨水渗透

可透水界面

# 创新食堂模式

## 一、食堂功能分析

　　食堂地下一层至地上三层共划分为 6 个就餐空间，满足学生在学生餐厅、风味餐厅、大排档等不同地点的就餐需求。地下二层为中央加工厨房，可满足整个校区主副食品半成品的加工需求。

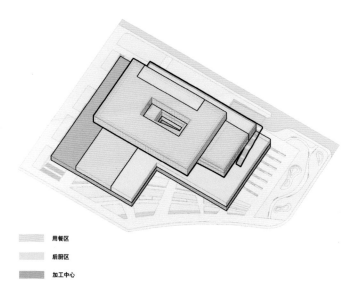

用餐区
后厨区
加工中心

食堂功能分区

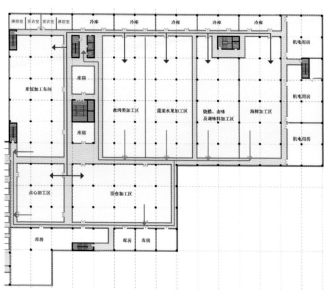

地下二层中央加工厨房流线

## 二、食堂流线分析

食堂在首层南侧、西侧和地下一层西侧设有 3 个主要入口，方便不同方向的人群出入。后勤入口被设于地下一层北侧，可通过汽车坡道进入，后勤的人流、物流可通过后勤通道、后勤电梯，方便地抵达各个楼层的厨房区。

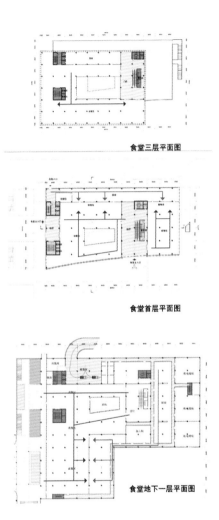

食堂三层平面图

食堂首层平面图

食堂地下一层平面图

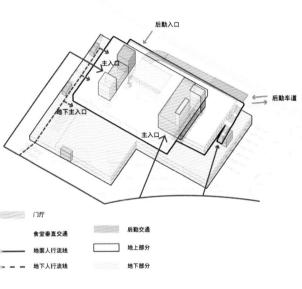

| 门厅 | |
| --- | --- |
| 食堂垂直交通 | 后勤交通 |
| 地面人行流线 | 地上部分 |
| 地下人行流线 | 地下部分 |

食堂流线分析

# 深化研究

## 居住单元优化

　　方案深化阶段，设计团队对单元布局进行了优化设计：调整了户内尺寸、卫生间洁具比例，取消了封闭阳台，设置集中晾晒区。

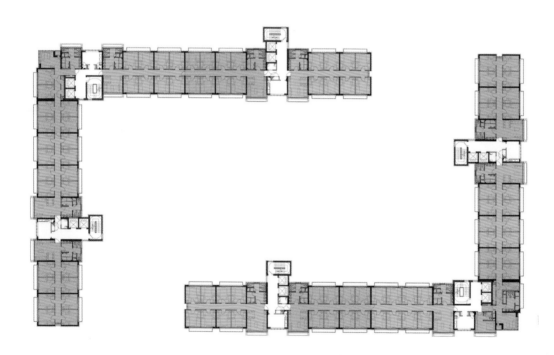

组团平面图

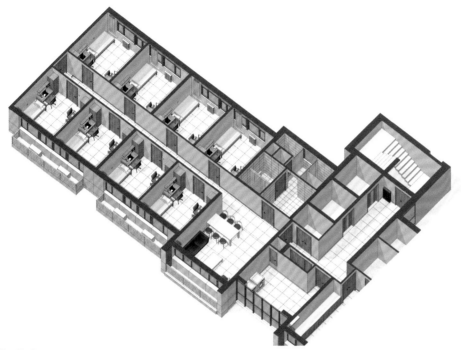

单元轴测图

标准单元平面图（组图）

宿舍套型标准（男）

| 户型 | 户型 | 人数 | 淋浴头 | 坐便器 | 小便斗 |
|---|---|---|---|---|---|
| 8室1厅 | 双人间 | 16 | 2 | 3 | 2 |

淋浴头、坐便器、小便斗单位均为：个

宿舍套型标准（女）

| 户型 | 户型 | 人数 | 淋浴头 | 坐便器 | 小便斗 |
|---|---|---|---|---|---|
| 8室1厅 | 双人间 | 16 | 2 | 3 | 一 |

淋浴头、坐便器、小便斗单位均为：个

# 建筑立面优化

　　方案深化阶段，设计团队结合平面使用功能、立面效果，并从造价控制、施工维护等角度对宿舍、食堂进行了多轮方案调整，确定了最终的宿舍和食堂立面效果。

宿舍过程方案

宿舍过程方案

宿舍确定方案

"书院"生活：北航沙河新社区设计建造记

舍确定方案

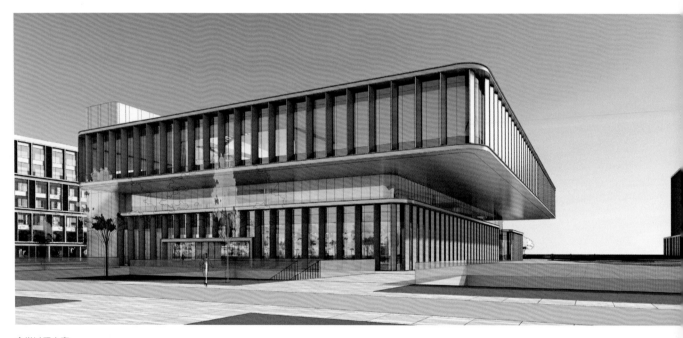

食堂过程方案

"书院"生活：北航沙河新社区设计建造记

堂确定方案

# 食堂功能优化

　　设计团队结合食堂使用功能调整了结构悬挑形式，赋予了学生食堂多种就餐模式与多种使用功能。

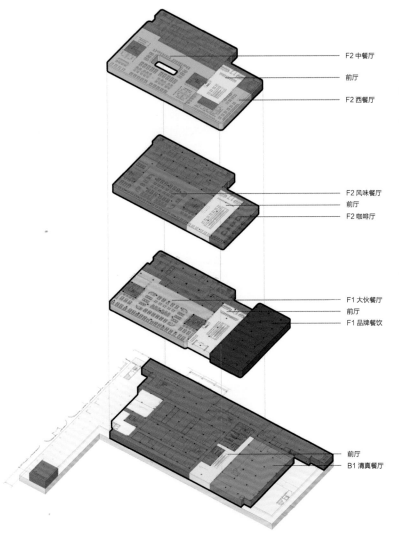

F2 中餐厅
前厅
F2 西餐厅

F2 风味餐厅
前厅
F2 咖啡厅

F1 大伙餐厅
前厅
F1 品牌餐饮

前厅
B1 清真餐厅

食堂取餐区

# 工程档案

## 工程图纸

2019 年 6 月—2019 年 10 月

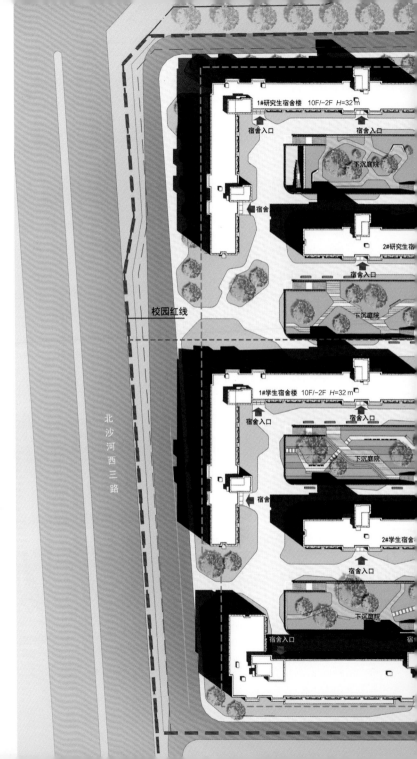

1#研究生宿舍楼 10F/-2F $H$=32 m

宿舍入口
宿舍入口

下沉庭院

宿舍

2#研究生宿舍

宿舍入口

下沉庭院

校园红线

1#学生宿舍楼 10F/-2F $H$=32 m

宿舍入口
宿舍入口

下沉庭院

宿舍

2#学生宿舍

宿舍入口

下沉庭院

宿舍入口

北沙河西三路

项目总平面图

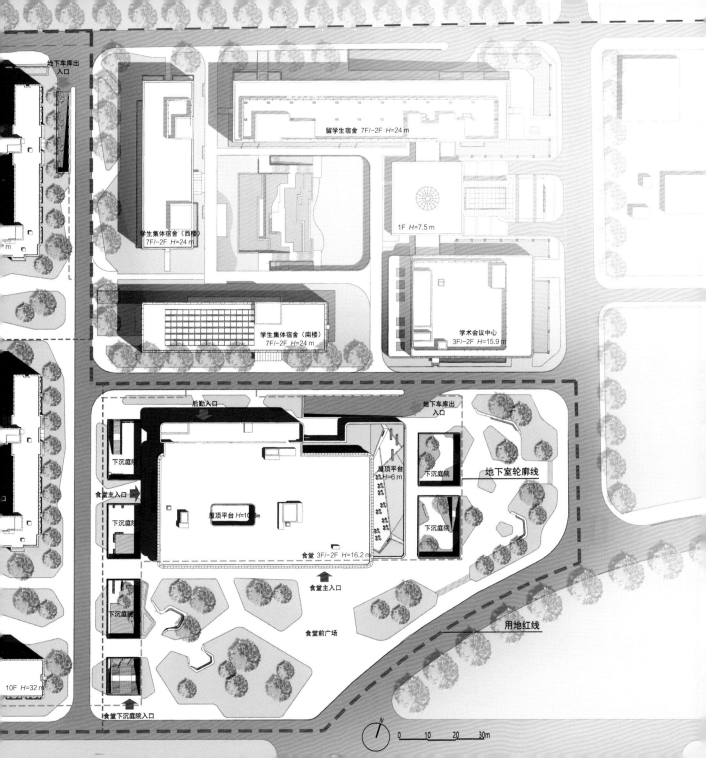

地下车库出
入口

留学生宿舍 7F/-2F H=24 m

学生集体宿舍（西楼）
7F/-2F H=24 m

1F H=7.5 m

学生集体宿舍（南楼）
7F/-2F H=24 m

学术会议中心
3F/-2F H=15.9 m

后勤入口

地下车库出
入口

下沉庭院

屋顶平台
H=6 m

下沉庭院

地下室轮廓线

食堂主入口

下沉庭院

屋顶平台 H=10.8 m

下沉庭院

食堂 3F/-2F H=16.2 m

下沉庭院

m

10F H=32 m

食堂主入口

食堂前广场

用地红线

食堂下沉庭院入口

0  10  20  30m

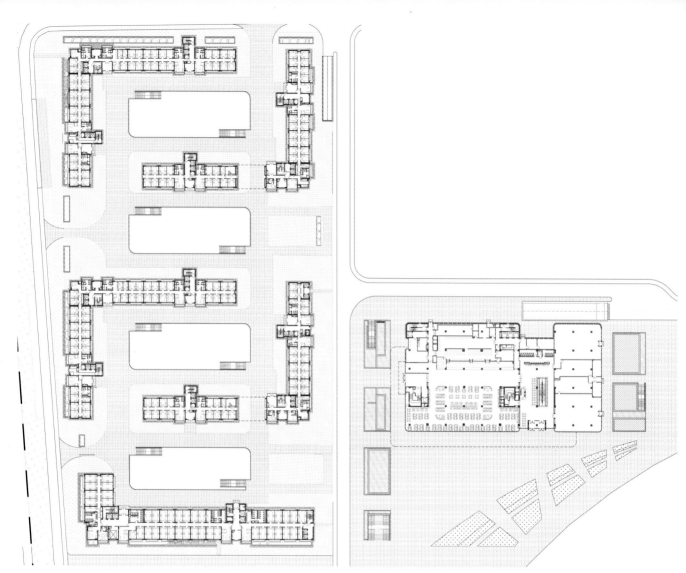

首层组合平面图

"书院"生活：北航沙河新社区设计建造记

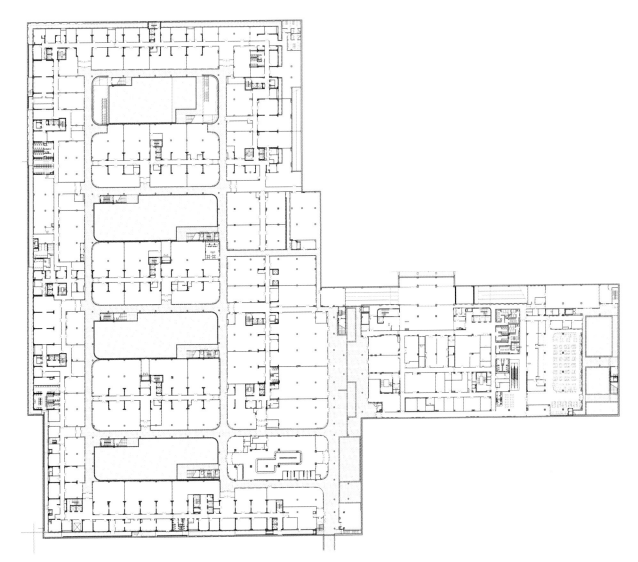

地下一层组合平面图

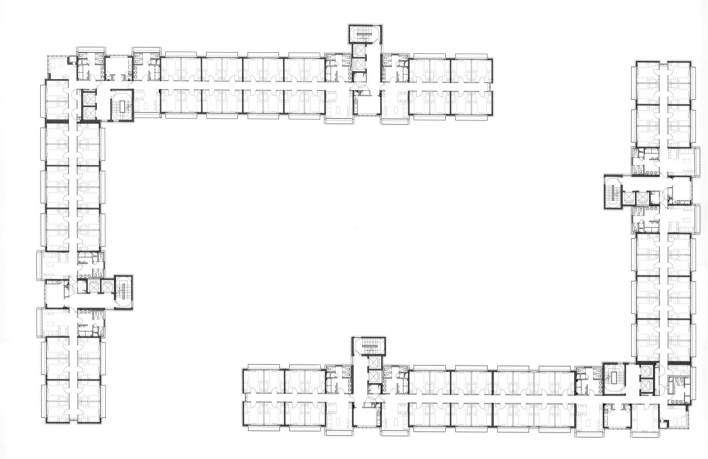

研究生宿舍标准层平面图

"书院"生活：北航沙河新社区设计建造记

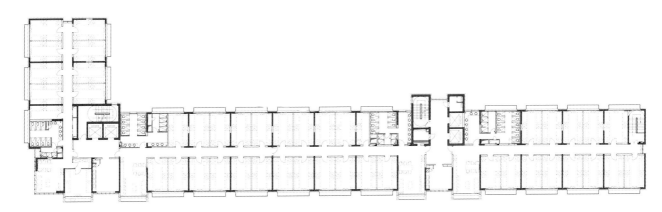

本科生宿舍标准层平面图

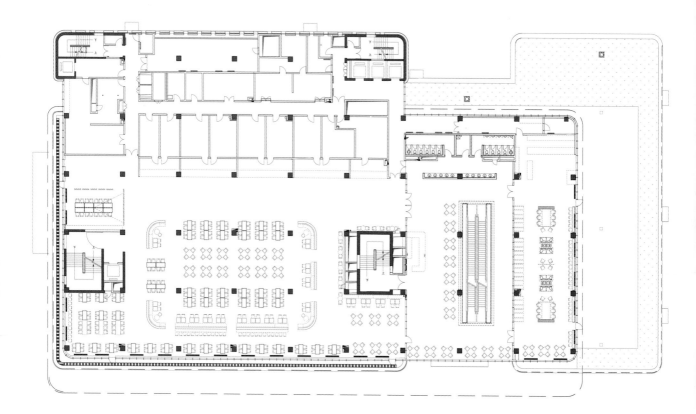

食堂二层平面图

"书院"生活：北航沙河新社区设计建造记

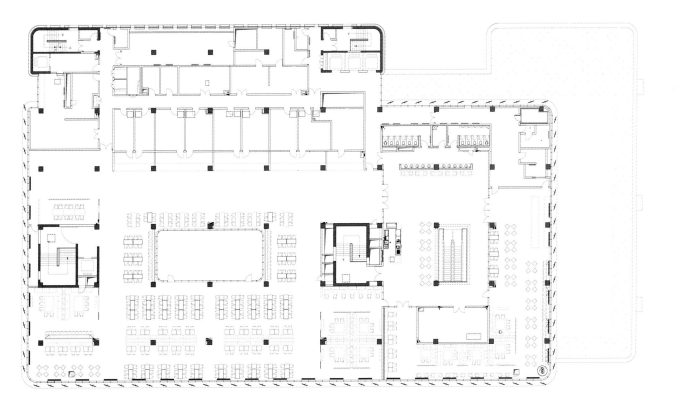

食堂三层平面图

研究生宿舍北立面图

"书院"生活：北航沙河新社区设计建造记

研究生宿舍东立面图

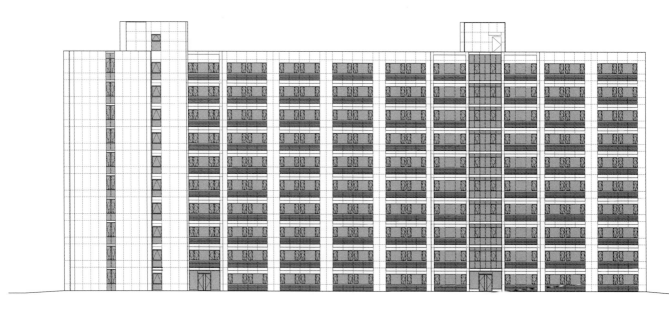

研究生宿舍南立面图

"书院"生活：北航沙河新社区设计建造记

研究生宿舍西立面图

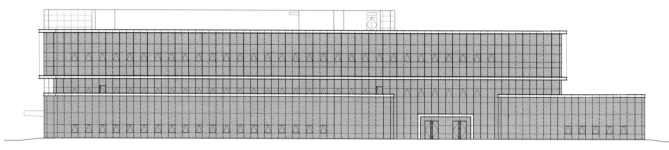

食堂南立面图

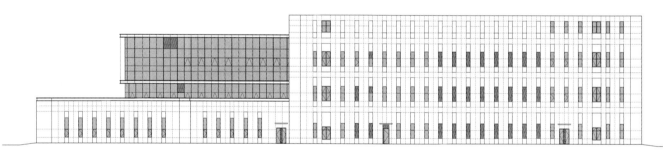

食堂北立面图

"书院"生活：北航沙河新社区设计建造记

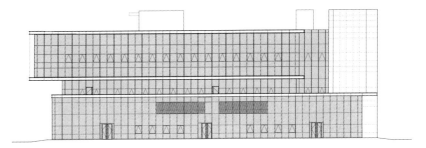

食堂东立面图

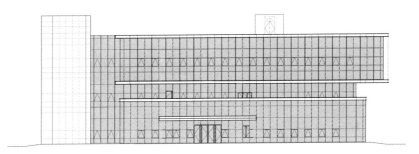

食堂西立面图

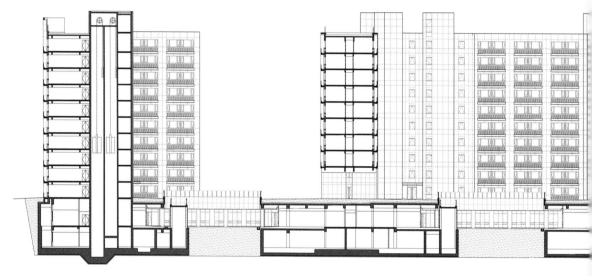

剖面图 1

"书院"生活：北航沙河新社区设计建造记

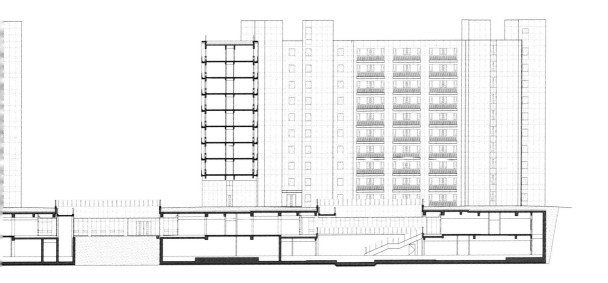

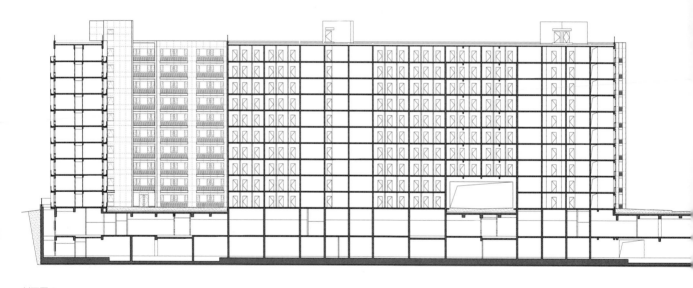

剖面图 2

"书院"生活：北航沙河新社区设计建造记

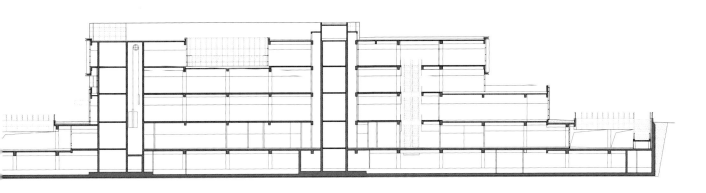

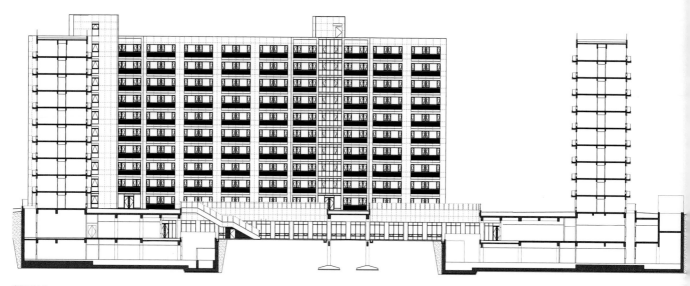

剖面图 3

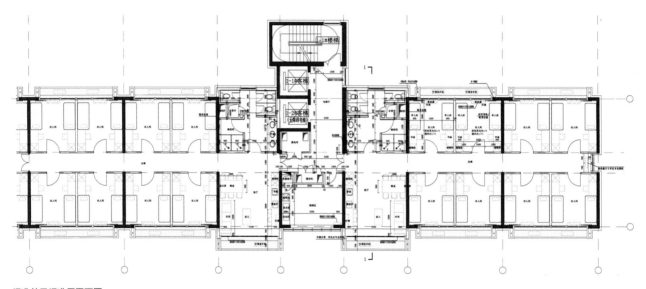

标准单元标准层平面图

"书院"生活：北航沙河新社区设计建造记

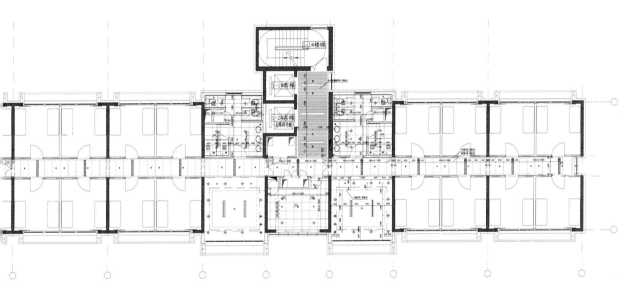

标准单元标准层吊顶平面图

宿舍立面局部

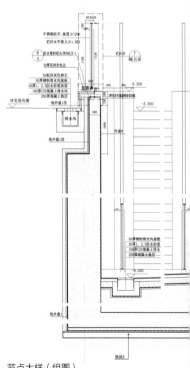

节点大样（组图）

"书院"生活：北航沙河新社区设计建造记

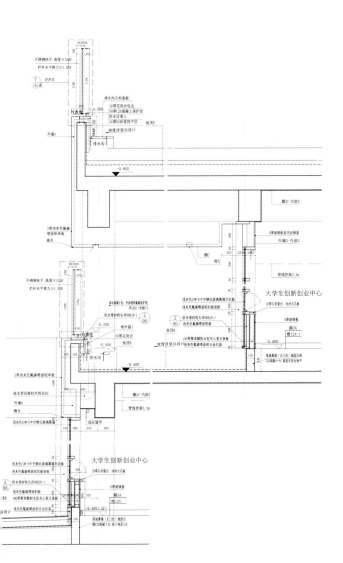

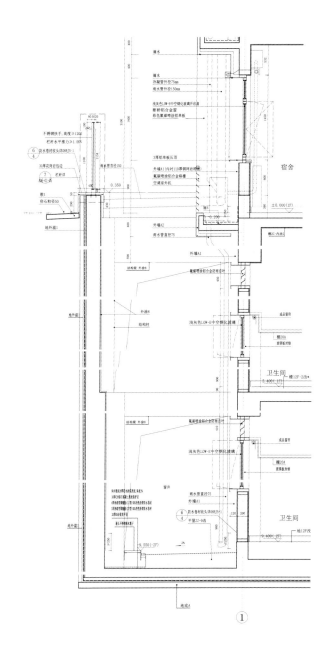

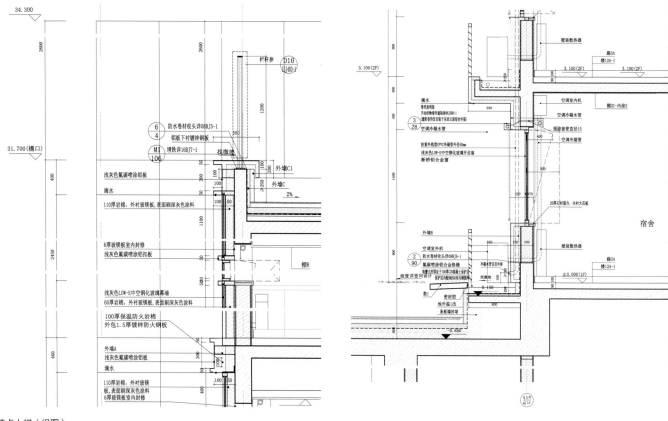

节点大样（组图）

"书院"生活：北航沙河新社区设计建造记

宿舍立面局部 2

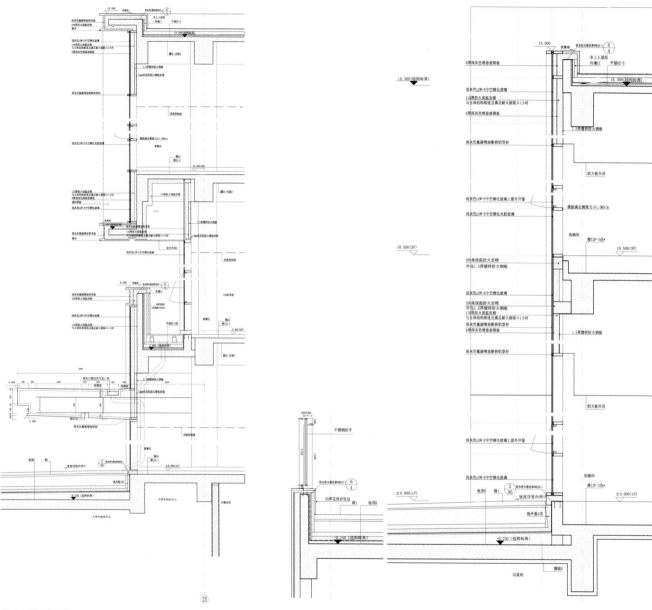

节点大样（组图）

"书院"生活：北航沙河新社区设计建造记

食堂立面局部

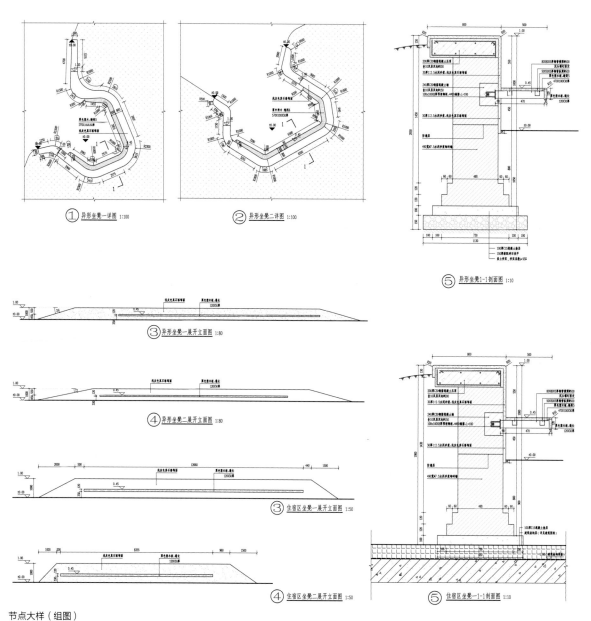

① 异形坐凳一详图 1:100

② 异形坐凳二详图 1:100

③ 异形坐凳一展开立面图 1:80

④ 异形坐凳二展开立面图 1:80

③ 住宿区坐凳一展开立面图 1:50

④ 住宿区坐凳二展开立面图 1:50

⑤ 异形坐凳1-1剖面图 1:10

⑤ 住宿区坐凳一1-1剖面图 1:10

节点大样（组图）

"书院"生活：北航沙河新社区设计建造记

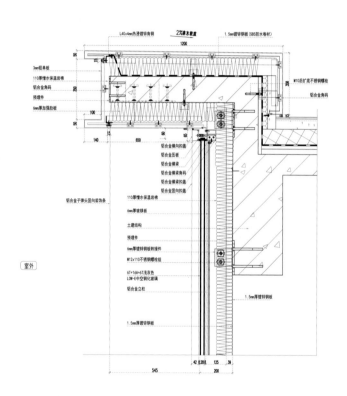

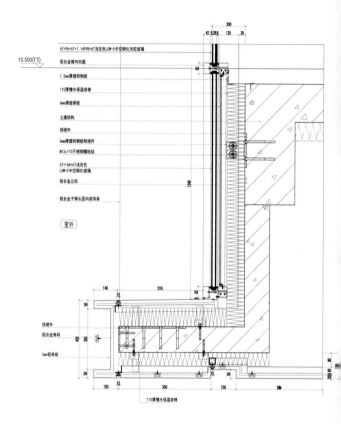

节点大样（组图）

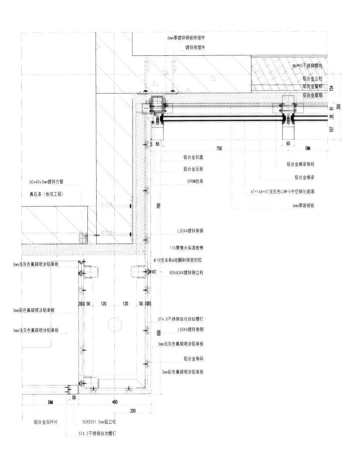

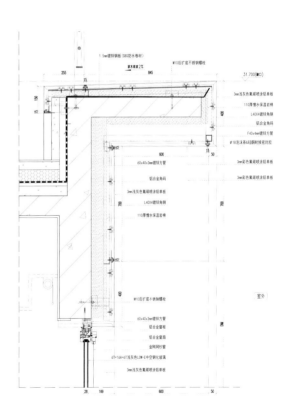

# 工程实施

项目东南鸟瞰

学生宿舍庭院内景

学生宿舍庭院内景

学生宿舍下沉庭院内景

"书院"生活：北航沙河新社区设计建造记

学生宿舍庭院内景

食堂立面局部

食堂西南人视图

食堂南入口

食堂北立面

食堂下沉庭院 工程档案

〈学生食堂与宿舍立面〉

学生宿舍下沉庭院立面局部

学生宿舍下沉庭院内景

学生宿舍下沉庭院内景

学生宿舍立面局部

生宿舍庭院鸟瞰

# "书院"概念的呈现

宿舍居住单元

宿舍走廊

宿舍电梯厅

宿舍自习室

宿舍内部 1

宿舍内部 2

"书院"生活：北航沙河新社区设计建造记

宿舍内生活场景（组图）

盥漱间

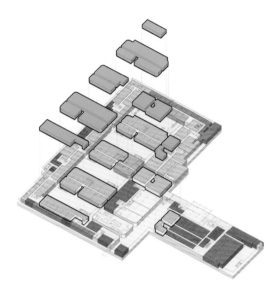

自习教室位置

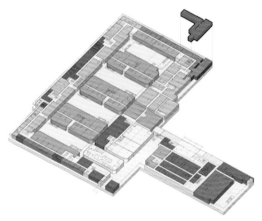

健身房位置

自习室内景（组图）

健身房内景

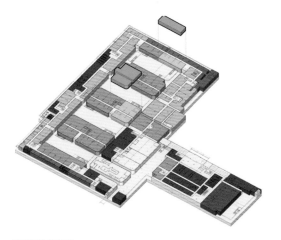

展览阅览室位置

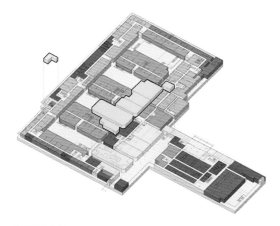

生活配套位置

艺文空间

学生洗衣房

文印服务中心

学生理发店

学生超市

学生书吧（组图）

学生服务大厅

学生服务大厅

工程档案

艺文空间

教师共享空间

北航学院

休息室

# 特色食堂

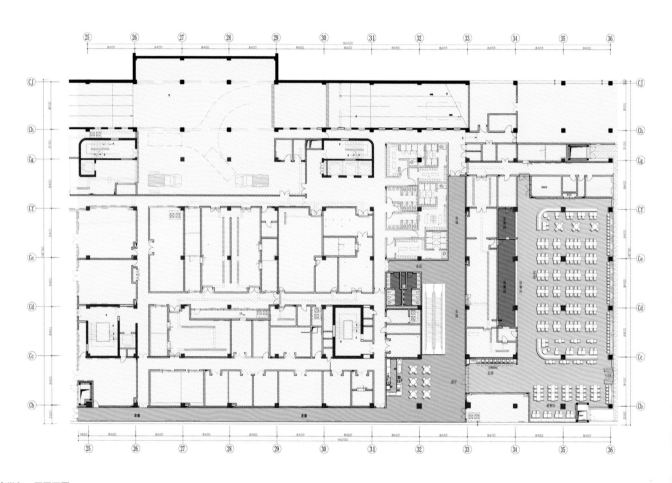

食堂负一层平面图

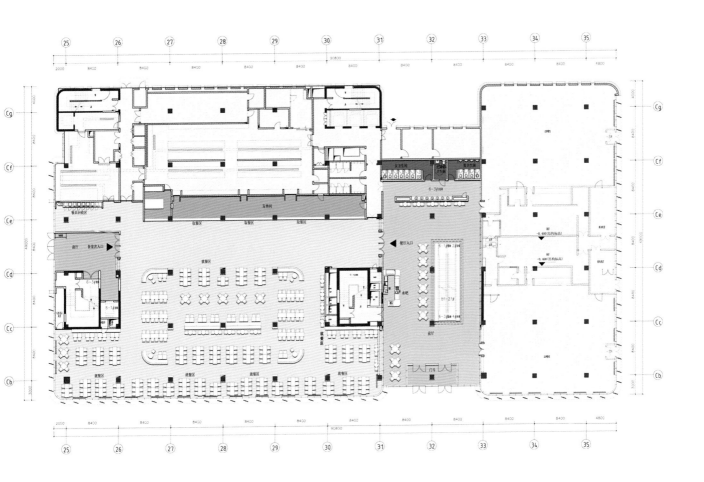

食堂首层平面图

咖啡厅

"书院"生活：北航沙河新社区设计建造记

特色食堂（组图）

# 庭院景观设计

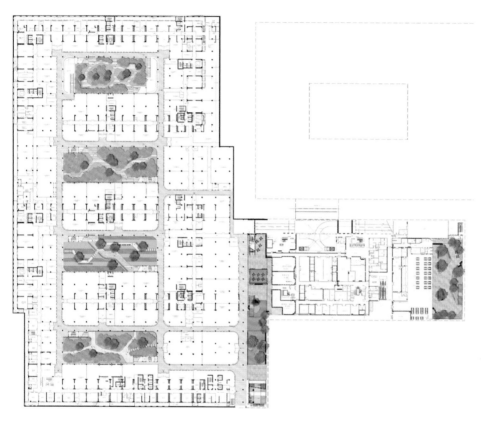

庭院景观总平面图

　　项目的庭院景观设计由地下一层、地面层和屋顶平台层的多层级景观绿化组成，给人以丰富的视觉体验感受。地下一层由多个既独立又相互连通的院子组成。

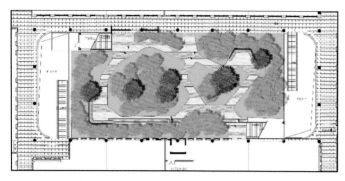

揽月园景观平面图

揽月园在满足通行的前提下，形成了几个独立的交流休憩区和一条漫步环线，以雕塑体现庭院主题。庭院四季均有可赏可闻的植物，腊梅是其特色，代表顽强不屈的精神。

揽月园景观（组图）

"书院"生活：北航沙河新社区设计建造记

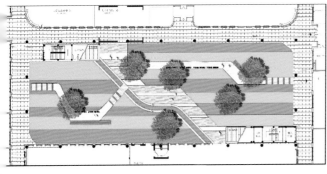

天问园景观平面图

天问园属于休闲性质的庭院场地，有多种林下空间。
该庭院将屈原的《天问》诗句与铺装相结合，形成具有文
化属性的空间。

天问园景观（组图）

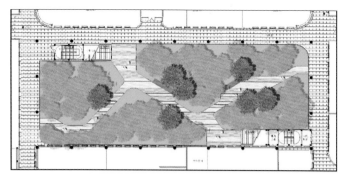

春华园景观平面图

春华园采用满足多个入口和多种通行方式的十字交叉布局。庭院植物以春季开花植物为主，意在表达万物复苏、朝气蓬勃的春天意象。

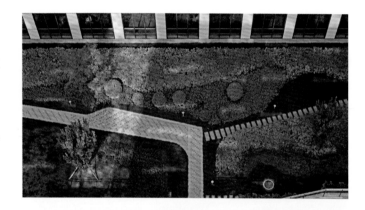

春华园景观（组图）

"书院"生活：北航沙河新社区设计建造记

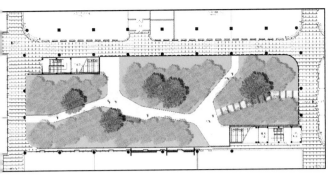

秋实园以满足交通需要为主，局部形成林下休憩空间。该庭院以秋季观果观叶树为重点，呼应庭院主题，并带有春花秋收、努力就会结果的寓意。

秋实园景观平面图

秋实园景观（组图）

食堂西庭院景观平面图

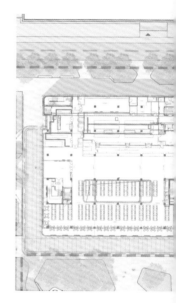

屋顶花园景观平面图

食堂西庭院

屋顶花园

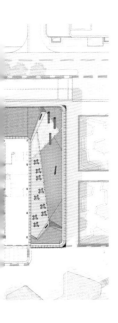

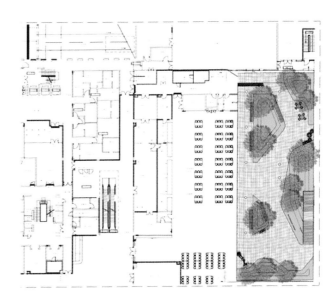

食堂东庭院景观平面图

食堂东庭院

# BIM 设计

　　本项目推进过程中依托 BIM 设计，充分发挥 BIM 三维可视化及信息数据集成的优势，对建筑空间、机电设备管线进行优化，保证了设计质量与高完成度，同时为后期施工、材料准备提供了依据。

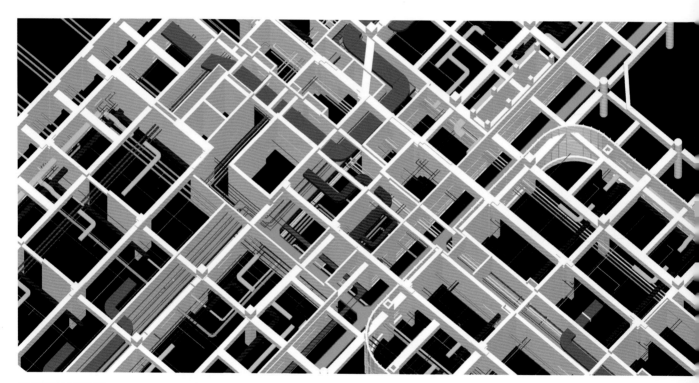

地下室 BIM 模型局部

"书院"生活：北航沙河新社区设计建造记

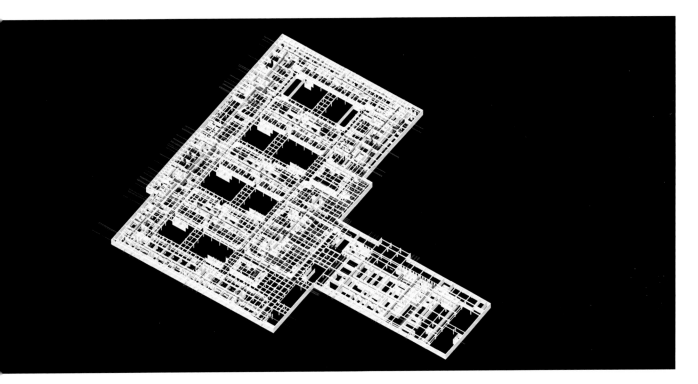

地下室 BIM 模型

## 竖向设计

本项目地下室面积较大，为保证地下室顶板的防水可靠性，设计
采用了整体找坡与分区降板结合的形式，减少地下室顶板的厚度，
使地下室净高最大化。地面排水则采取局部找坡至排水沟的方式，
通过串联沟将地表水排出地下室范围以外的排水措施中。

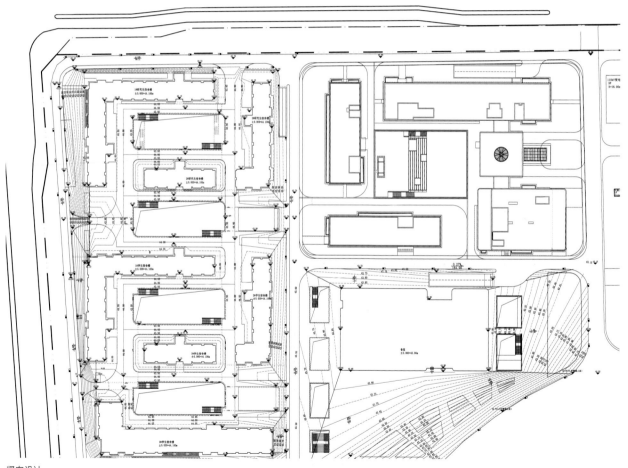

竖向设计

"书院"生活：北航沙河新社区设计建造记

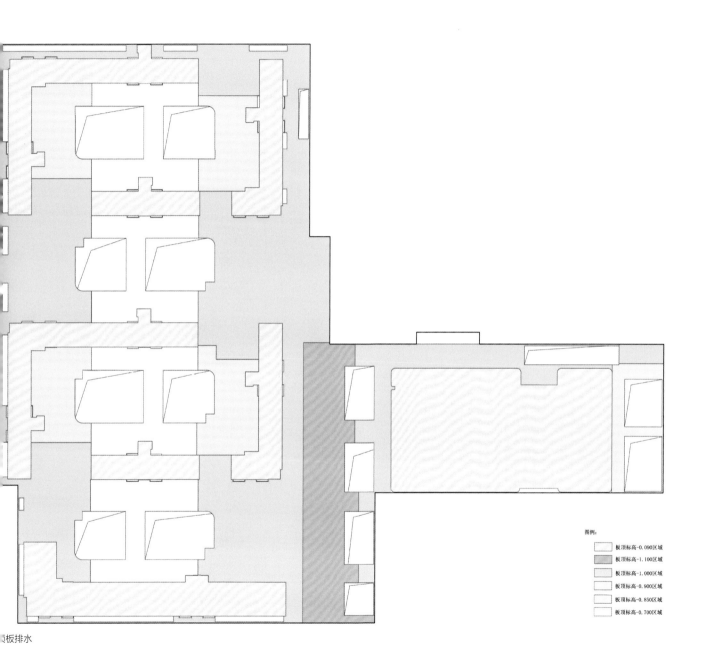

图例:
□ 板顶标高-0.090区域
▨ 板顶标高-1.100区域
□ 板顶标高-1.000区域
□ 板顶标高-0.900区域
□ 板顶标高-0.850区域
□ 板顶标高-0.700区域

顶板排水

# "书院"社区——北航工程进化论

2021 年 11 月 25 日，北航沙河宿舍食堂设计与管理运维研讨会暨《"书院"生活——北航沙河新社区设计建造记》图书研讨会在北航新落成的共享办公空间举行。参建项目的北京航空航天大学校园规划建设与资产管理处、后勤保障处、沙河校区管委会等建设运营单位以及设计方北京市建筑设计研究院有限公司叶依谦工作室，共同回忆了项目建设从立项、规划、设计到建设的难忘历程，主持图书编撰策划的《中国建筑文化遗产》《建筑评论》编辑部受邀参会，大家就高校社区空间营造如何提升文化影响力与价值引导等问题形成以下思想的汇集。

北航在学科建设方面，早已进入国内高校"领跑梯队"，在校园环境方面，更展现出"基建狂魔"的勇气和担当。北航沙河校区西区宿舍食堂项目坐落于校园西北角。这个全新的项目充分体现了"书院"社区的价值观，意在打造集生活配套、社区赋权与教学相长为一体的"书院"文化空间。

面对有限的经费，北航有的放矢地选择建设方向，在保证教学需求的基础上，将宿舍和食堂定位成精品项目进行打造，甚至不惜延期部分在建工程，集中力量解决主要矛盾。校园资产管理处率领全体建设人员封闭施工 7 个月，在疫情期间抢工期、干实事，超前超额、高完成度地拿下了沙河校区西区宿舍食堂的建设任务。从传统宿舍的"筒子楼"模式，到中央围合型社区，再到单元式一体化书院，几年来，随着学院路校区"新北区"宿舍、沙河校区西区宿舍等基建项目的完美落成，北航校园"环境育人"的人文实践在北京高校中树立了鲜明的旗帜，以追求极致的态度引领了独到的设计之路。

## 一、"书院"社区——塑造人文精神

书院乃文化的空间载体。中华文明是一部厚重的百科全书，传承中华文化，在现代校园建设中引入书院建筑理念，是一种精神的取向。在中国历史上，书院是以教育生徒为特征，以传道授业为目标的一种独立教育机构。书院多建于群山秀水之中，士子"以文会友，以友辅仁"，通过严苛履践，把外在约束转化为内在自觉，坚持精勤进修的精神。传统书院是传承国之经典的文化殿堂，从空间布局上就讲求"礼乐相成"，以礼定秩序，以乐求和谐。这与今日强调生态人文环境、烘托文化氛围十分相似。基于书院的教学传统与当代需求，自 2017 年起，北京航空航天大学以培养"具有高度的国家使命感和社会责任感，理想高远、学识一流、胸怀寰宇、致真唯实"的领军领导人才为目标，探索大类招生与培养模式，对招生专业进行重大改革和调整，成立覆盖一、二年级大

高常忠

顾广耀

单凯峰

邱真

王姝

田云枭

李冬青

闵敏

叶依谦

陈震宇

类本科生，强化通识教育的"北航学院"。北航学院整合全校教育资源，按照招生大类设置六大书院，包括士谔书院、冯如书院、士嘉书院、守锷书院、致真书院和知行书院，旨在形成德育与智育、通识与专业深度融合的现代书院育人文化。

除去资源最大化倾斜的学业支持以外，校园建设同样处于双核发展的头部地位。对空间进行二次赋能，是校园品质升级的要求，亦是空间和服务的双重保障以及人性化社区的重要体现。社区配套是决定生活品质上限的重要因素，在远离城市中心的大学城里，师生生活涉及的方方面面都要在校园里解决，因而这一环节不仅是对规划设计的大考，更需要细致入微的人文关怀。为此，北航

霍建军

金磊

李沉

雷池

冯丽娜

蒋衷旺

赵凯

李嘉琦

孙明利

秉承着创建"双一流"高校的宗旨，多次邀请北京建院叶依谦团队倾力打造学子们踏足社会的第一个"家"。

沙河校区西区宿舍食堂是北航"书院式"学生宿舍建设的一次重大变革，是集餐饮、住宿、生活、工作于一体的现代化学生社区。沙河西区宿舍建筑地上 10 层、地下 2 层，5 栋建筑围合

成 3 个组团。公寓采用单元式设计理念，每个单元设有 8 个寝室，独立配置公共研讨室、晾晒区、公共卫生间、电梯等设施，强化宿舍的私密性和归属感。首层和地下空间汇集自习室、研讨室、餐饮室、咖啡厅、便利店、社团活动室、健身房、阅览室等多种空间，打造出富有活力的、复合型的社区综合体。这是现代建筑

美学与北航书院气质完美融合的经典范例，建筑师在设计中不仅充分释放了传统地下区域的功能，同时依托灵活的空间分割设计，规划丰富的功能分区，最大限度地利用空间，通过多种高品质设施，构筑一个集住宿、餐饮、社交、教育等多种功能为一体的人文中心，以"书院"社区实现"环境育人"的校园氛围。

## 二、精准策划——措施靠胆识与魄力

"双一流"高校的建设，既要有优秀的顶层设计思想，更要有强有力的统筹推进能力。面对总建筑面积约 14.8 万 m² 的

西区项目，校园规划建设与资产管理处协同参建人员施工奋战至 2020 年 1 月 14 日，赶在农历小年到来之前完成了全部降水井施工及基坑支护施工机械的进场工作。然而，突如其来的疫情拉响了疫情防控阻击战和复工复产保卫战的警报，是否复工、如何复工成为一道现实难题。如果复工复产，一旦防控措施落实不当，不仅给参建人员的生命健康带来隐患，还会给学校带来不良影响；如果不复工，拖延的工期会令占地面积 4 万 m²、深度 10 m 的深基坑面临雨季施工的极大风险，势必影响学校"两区"规划布局的调整。

面对紧迫艰巨的建设任务，单凯峰总工程师首先提出，农村

研讨会现场

研讨会现场

地区基于村民自治的特点，出现疫情之后，农村会立刻封闭，因此农村的环境相对安全，如果进一步落实个人行程摸排，工人返京复工的希望是极大的。为此，项目团队经过反复研究，便于2020年1月22日对疫情防控和节后复工做出提前部署，并提出"把疫情防控和项目风险管理作为重点工作同步落实"的口号，通过人员远端筛查、严控出行过程、现场集中观察、场地封闭管理等一系列手段，将工人兄弟安全接回工地，为节后复工创造了积极条件。

从2月1日起，项目参建各方主要管理人员陆续返岗，2月12日项目通过昌平区住房和城乡建设委员会、社区及卫生防疫部门的三方联合复工检查，成为昌平区第一个批准复工复产的建设工程项目。安全、积极、有效的复工措施不仅为后续项目建设奠定了坚实基础，也避免了雨季泡槽、基坑坍塌等施工安全风险。从2020年1月6日开工建设，到春节后3月1日正式复工，再到 10 月 30 日地上结构全部封顶、第一次结构验收及样板工地验收通过，施工单位在不足 9 个月的时间里，就建设完成了这组总建筑面积约 14.8 万 m²，占地面积约 5.9 万 m² 的大型项目。建设团队通过强有力的现场协调以及周密的策划，使得机电安装、内部装修、市政管线道路和景观工程得以同步进行，争分夺秒地抢工期。这里饱含着北航基建人的信念与担当，更离不开北航"敢为人先"的有力决策。

为了鼓舞士气，基建处曾在开工仪式上挂出一幅标语：
不忘初心，复工复产，助力经济发展。
牢记使命，防疫抗疫，服务民生保障。

短短 28 个字，扛起的是担当，竖起的是魄力。随着第一声机器的轰鸣，沙河校区紧紧锁闭了自己。再开门，已是 7 个月之后……北航的同志与工人兄弟扎根在工地，所有人的宿舍都只有一张床，空间小得甚至容不下一张写字台。在极其艰苦的环境下，他们携手奋进，靠的是无悔于时代的自觉，拼的是建设百年基业的毅力。

## 三、单元模式——撬动社会发展的杠杆

当代校园建筑中最亮眼的当属图书馆、教学楼等"面子"工程，这是打造高等学府的王牌，也是高校科研实力的展现。而作为"里子"的宿舍楼，多数由于历史原因被遗忘在不起眼的一隅。但实际上，在关于校园的记忆中，宿舍生活永远占据着校友们的大部分回忆，学生在这里度过的光阴是迈向成长的第一级阶梯。然而，长期不被重视的宿舍楼环境饱受诟病，甚至在许多高龄院校中，近乎危楼的宿舍依然在"服役"。虽然对于学生来说，考学的最终目的是学习知识，住得舒服只是给过程添彩。但在社会转型的今天，生活环境的改善也需要提上议程。

社会学家布尔迪厄将"场域"解释为特定原则所界定的空间，宿舍对学生来说便是一个连接学业、家庭和社会的特殊场域，这个空间打破了原有的社会阶层，来自五湖四海的学生在这里共同交织出新的世界观和自我认识，承受着极大的文化挑战和生活考验；同时，宿舍又是一块信息"海绵"，学生在海量信息的聚集和吸收中产生文化气质的分化，因此宿舍环境会深切影响个体的人生规划和目标制定。强调"书院"社区，有其特殊的文化内涵。"书院"社区应是一个让学生心无旁骛追求知识的地方，住宿、食堂、庭院、广场等都要有"书院式"氛围，创造出文人学者可游弋在其中赏景赋诗、畅意交流之境。

基于这样的思考，叶依谦建筑师团队尝试通过空间的塑造，建立和完善邻里关系网络。首先，经过大量调研后，设计团队开创性地提出"小单元"模式，通过将一定场域的住宿人数控制在

相对合理的范围内，塑造认同度高且交流密集的交往圈层，通过紧密的邻里关系实现及时有效的沟通，减少个体间的摩擦和矛盾，从而发挥宿舍环境对人生规划的积极作用，将"书院"精神贯穿学生学习生活始终。

其次，宿舍的单间居住人数可以随着院系招生规模讲行灵活调整，空间的分割比例经过合理测算，可在双人间、四人间等多种形态间随意转换。公用卫生间、淋浴间的设置将更多空间让渡于生活，不但提高了公共资源的利用率，同时将卫生清洁工作分离出来，有效化解了宿舍成员的生活矛盾。这在全国高校尚属首创，也是北航人文关怀的重要体现。

## 四、下沉绿庭——回归心灵沃土

优秀的校园规划不仅能满足常规教学，还可以塑造出激发学生自主交流的环境，从而创造积极向上的学习氛围。北航将打造校园开放空间与学科建设放在同等重要的地位，以传统四合院布局为设计灵感，依托中国传统建筑共享院落的生活方式，利用五栋教学楼围合出 4 个绿庭，以"春华、秋实、天问、揽月"为景观园区划分的概念基础，呈现审美秩序和对称美感共存的空间层次，传达空天报国的建校思想与育人理念，诠释"书院"之于北航的意义。

在建筑之间打造的绿色社区空间，增强了师生与健康福祉的联系。4 个下沉景观庭院总面积近 4000 m²，选用不同的种植主题，周边环形檐廊南北通长 180 m，实现了夏季降温通风、冬季保温降尘的环保效益。与此同时，绿庭还是交通流线的串联手段，围合式布局通过空间的串联有序展开，地下功能空间围绕宿舍楼形成环绕路径，师生们沿着四通八达的环形檐廊，可直通多个功能区，颇有中国传统园林中曲径通幽的意趣。与平层庭院设计不同的是，这种藏而不露的庭院隐没在楼栋下方，联系着自然与生活的两端，带给人浓郁的归属感。

沙河校区地势北高南低，设计团队利用地形高差打造丰富的层次，给师生带来更纯粹的视觉体验。从楼上俯瞰绿庭，可欣赏到绿植的"第五立面"，人工造景中呈现出茂盛的视觉张力。婆娑树影映照在低调沉静的墙面上，斜阳细碎的光影轻轻"摇弋"，精巧的庭院给人静谧安适的感受，可让学生从繁重的学业中暂时抽离，感受清风的抚慰，体会林泉野径的快乐，也提醒学子不忘追寻心灵的沃土。

## 五、空间开发——多维度延展生活品质

西区宿舍的地下一层空间包括大学生创新中心、师生服务大

厅以及超市、理发店、健身房等配套用房。宿舍、食堂地下空间全部连通，形成宽敞、明亮、舒适的学习生活一体化空间。多功能区域有着灵活的平面设计，鼓励着师生们穿梭于不同功能区、不同建筑之间，以此拓展了"书院"社区中学生的互动、学习和聚集方式。

学生文化艺术体验中心可以为师生的文体活动提供排练场地；党团活动室为党建学习活动提供场地，包含有入党宣誓区、阅览区、会议室、党支部开会区等；学生自主管理中心学生可自行申请、灵活利用，是全面培养新生学术素养和进行素质教育的载体。在这里，涉及学习生活的每个环节丝丝相扣，社区设计理念从以往的"设计者主导"到"以用户为中心"，更强调学生的体验感，从满足需求到多维度提高生活品质，再到追求人文精神，从而探索更多可能性。

## 六、西区食堂——用设计精进管理

西区食堂包括大伙餐厅、风味餐厅、品牌餐厅、清真餐厅、加工和仓储中心、咖啡厅等，可提供多样多层次、全天候的餐饮服务。二层咖啡厅配备灵活的共享空间和屋顶露台，为校园构筑了立体式观景框架，在建筑集群间打造了平衡的空间关系。

餐饮服务是高校后勤工作的重要环节，也是校园品质的标签。

它不仅切实关系到师生的健康安全，也能从严抓管理、规范服务等方面提升服务水平。但在北航，校方直接从餐饮服务的前端入手，从食堂的规划、设计、建设环节狠抓餐饮全流程，这种真抓实干的作风，让北航成为走在高校服务质量前列的排头兵。

沙河校区东区食堂由于布局不合理的原因，增加了很多运营成本，狭长的动线导致光是运输餐盘这一个工种就要多设两个人的岗位。因此，西区新建食堂在动线设计上花了许多心思，建筑师通过多次模拟试验，在前厅和后厨的空间比例间找到平衡点；而且得益于集约化生产等平台建设的完备，设计师可以将很多功能安排到地下一层，进一步缩减了后厨空间，一是让渡于就餐区域，预留出足够的排队疏散空间，二是合理减配人员，形成经济效益和工作效益的良性双循环。

设计与管理逻辑是紧密契合在一起的，设计的前提是要考虑运营使用，要符合管理需求。目前沙河校区地下加工车间配备的多条食品生产线，通过集约化生产的建设，已经实现了整个校区所有主食自产，在可控范围内实现安全、新鲜的食材供应，能够在节约成本的同时极大地提升食品安全性。老旧食堂往往存在着严重的漏水、漏油等问题，需要大量人员进行点对点的防控，每天专人巡查多次，耗费大量人工。新食堂通过智能化设施，从根源上消灭了诸多隐患。这个项目还有一个非常有前瞻性的设计，就是在新食堂建立了一个垃圾处理冷库，这在食堂体系中是很少见的。这令后厨的卫生得到很大提升，没有蚊蝇滋生，杜绝了异味的产生。

为了满足师生对饮食的多样化需求，校领导在图纸已经定稿的情况下，果断调整方向，重新增设风味餐厅。经过重新定位，沙河校区餐饮布局达到比较均衡的状态，两校区食堂人员进行定期互换，交流经验，在做好两校区餐饮保障工作之余，保证菜品不断实现更新迭代，在此基础上，进一步把校外的优质餐饮资源引进来，充实餐饮建设力量。为了体现对少数民族的尊重，设计师将清真餐厅独立安排在地下一层，形成互不干扰的独立运行空间，使得档口数、餐品数都有了极大提升。尤其是现场制售区域赢得了众多好评，极大提升了校园餐饮的丰富程度。

北航目前掌握着两个餐饮品牌，其中"航味厨房"由北航食堂自主研发。品牌运营是北航全新的尝试，北航将规范化操作写入企业基因，能够进一步拉动高校餐饮服务的整体水平。"航味厨房"品牌的创立，不但为北航学子提供放心美味的餐饮，更体现着"双一流"院校的人文追求——品牌带来的溢价是一种无形的资产，北航正通过不断探索全方位的触点，反映北航的个性和文化气质，这会是留给北航学子的一份宝贵财富。

## 七、社区运维——做有温度的教育

高校建筑不仅要"适用、经济、绿色、美观"，更要有温度。

北航意在结合教学研究活动，创造学习型、服务型、成长型的一站式社区。为了达到这一目标，北航后勤部门可谓是"管家"级的存在，大到校园的设施安排、服务配套项目的选定，小到沙发材质的确定，这所有的一切都要由后勤来操办。为了给师生营造更有温度的体验，后勤部门事无巨细地将一系列便利设施融入校园，在校园配套方面不遗余力地探讨和完善，为师生提供更舒适、便捷的服务。正是这些"软装"内容的填充，让冰冷的建筑"活"了起来，这是"书院"社区理念才可以实现的人文气质活力的提升。

无论是北航基建的效率，还是服务保障的效率，北航在高校中都独具特色和优势。从项目落地到学生进驻，只有不到两个月的时间，后勤团队便完成了所有业态的引进和装修，实现了"一次释放服务效果"的建设目标，最终呈现出与北航打造"双一流"大学的发展路径相匹配的效果。随着一站式服务在园区内逐步实现，师生足不出户就能享受到超一流的服务保障。23间自习教室、10间研讨室、配套底商等可以全方位满足师生需求。

通过总结学院路新北区的物业服务经验，沙河校区运维单位结合实际情况，重新调整了管理模式，开创了高校"公寓化管家式服务"的先河。目前西区宿舍开放4个楼，每个楼3个单元，每个单元都配备一名管家，一个楼管岗对应服务300名学生。基于单元式的布局，所有公共空间包括浴室、卫生间、研讨室等空间，都由后勤保障团队提供清洁服务。虽然服务岗、管理岗增加了，

研讨会现场（组图）

但是依托先进的智能化楼宇管理，节省了工程设备运行维护方面的许多人工成本。

## 八、民生建筑——绿色生态工程

项目建设周期特别短，给运营方留下的时间也非常短。凭借着设计与建设团队高效的整体规划思路、精准的定位以及精益求精的工匠精神，沙河西区宿舍食堂项目顺利完成。俗话说：火车跑得快，全靠车头带。真正带领建设团队的现场指挥，是每一位拼尽全力的北航人。他们凭借着追求极致的态度，严格保障进度、造价、质量，为学生打造了温馨、宜居、学习氛围浓厚的空间。

回顾工程建设的日日夜夜，很多内容似乎不能用一篇文章概括，所有人的汗水凝聚成这个立得住的项目，透过这些自然生长的味道，我们可感悟建筑师的创作思想和设计成果。盖一栋楼是非常系统和复杂的工程，设计图纸上每改一条线，可能就会让前期规划、后期验收甚至资金总量的控制都发生很大的变化。所以在设计当中，面对激增的各项需求，设计师需要统领全局，不断进行系统性的调整。如果没有对细节的琢磨和把控，建筑就无法达到今天所见的效果。

在极短的建设周期当中，校方与设计方不停地迭代、改进，并在后期的运维管理中随着办学需求不断调整，这些都是建筑全生命周期建设的一部分。就以叶依谦主持完成的北航学院路校区

"书院"生活：北航沙河新社区设计建造记

三号教学楼改造工程为例，这栋使用了 60 年的老楼已经被纳入北京市历史保护建筑名录，如今需要进行保护性修缮。如果按照现行的设计规范，使用年限到 50 年就该拆了，可是这栋老建筑设计得精心用心，处处体现着老一辈建筑师的艺术追求，虽然建筑内部的设备机电超期服役，已经老化了，但如若观赏那些建筑的细节，所有人的目光都会被门厅吊顶的花式、水磨石地面、柱头雕花所吸引。好的作品被使用方精心呵护着，才能持续发挥它的作用，项目落成后并不意味着结束，而是建筑生命的起点。后期的运维单位和使用者要像爱护自己的眼睛一样珍惜建筑，这是树立百年基业的前提。

再崭新的校园，也会沉淀下当前的历史文化信息，并通过校园建筑反映出来，而这种脉络又会间接反映在校园精神中。强调"书院"社区的价值，旨在集成和学习中华传统文化的精华，在建筑创作中将传统与现代设计相融合，营造有行为准则的空间，从一定意义上实现"大学建筑文化就是真正大学精神的升华之地"。面对新建校区这张白纸，建筑师没有忘记设计的本源，设计并非居高临下的，而是自下而上的落地生根，一切思考来自服务大学文化。如今，沙河西区已经生长得枝繁叶茂，待下一个秋天，这里必将收获累累硕果。

《中国建筑文化遗产》《建筑评论》编辑部整理

# 附录
## 项目建设大事记

### 2017 年 10 月 方案设计竞赛

经过一个多月的方案竞赛，叶依谦工作室的方案从几家投标方案中脱颖而出，得到专家评委与校领导的一致好评。

### 2018 年 3 月 项目调研

设计前期，设计院和学校建设者参观调研了数个国内新建高校校区，结合调研，学校建设者提出了更高的设计要求。

### 2018 年 8 月 取得校园规划方案复函

在方案深化过程中，设计团队多次与规委沟通并调整设计方案，最终取得校园方案复函批复。

### 2018 年 10 月 可研批复

年初完成可研报告，3 月提交可研评审，经过多轮调整，最终于 10 月获批。

### 2018 年 10 月 取得地块规划方案复函

在通过学校整体规划方案复函后，设计团队配合完成了地块的方案复函报审工作，并取得了地块方案复函批复。

### 2018 年 12 月 启动初步设计

设计团队于 2018 年 12 月开始初步设计，其间经历了多次方案调整，并于 2019 年 1 月完成初步设计。

### 2019 年 4 月 通过初步设计评审

经过多轮沟通与修改，设计方案通过了工业和信息化部的初步设计评审。

### 2019 年 10 月 完成施工图设计

此阶段完成各专项施工图设计，完成各项消防、人防等施工图审查，并配合业主完成招标算量等工作。

## 2020 年 1 月 总包单位进场

## 2021 年 1 月 取得项目规划许可证

设计团队配合业主方完成了人防条件、园林绿化等申报工作，并最终顺利取得项目规划许可证。

## 2021 年 7 月 工程竣工验收

## 2021 年 9 月 正式交付使用

# 项目相关设计与建设团队

**建设单位项目管理团队**

校园规划建设与资产管理处处长：邹煜良

沙河校区建设项目管理中心主任：顾广耀

原校园规划建设与资产管理处处长：吴安青

原校园规划建设与投资领导小组办公室主任：高常忠

校园规划建设与投资领导小组办公室副主任：尚　坤

项目负责人：田云枭

技术负责人：单凯峰

商务负责人：周宁九

规划工程师：张长远　雷　池

土建工程师：郭子兴　魏立栓

给排水工程师：孙明利　冯丽娜

暖通工程师：李　灿

强电工程师：罗忠远

弱电工程师：张　斌

景观工程师：李嘉琦

造价工程师：苏亚楠


**项目设计团队**

设计总包单位：北京市建筑设计研究院有限公司

建筑专业：　叶依谦　陈震宇　霍建军　从　振　陈禹豪
　　　　　　孔维婧　万　千　李飔飔　刘　琳　王　爽
　　　　　　齐玉芳　刘恒志　卢松楠

结构专业：　江　洋　杨　勇　陈　栋　王胜男　孙　珂
　　　　　　钱凤霞、丁博伦

给排水专业：张　成　郭歆雪　翟立晓　李东飞　李　芳
　　　　　　郭　文　刘晓茹

暖通专业：　祁　峰　李雨婷　窦　玉　王松华　郭　琦
　　　　　　宋培林

电气专业：　宋立立　夏子言　贾路阳　贾　哲　李林杰

经济专业：　王　帆　靳　晨　李　振　张广宇　杨　京
　　　　　　郑　良　陈云杉　谈锦华

景观顾问：易兰（北京）规划设计股份有限公司

精装顾问：北京蓝融国际建筑工程设计有限公司

厨房顾问：上海创域厨房设计顾问有限公司

勘察单位：航天建筑设计研究院有限公司

施工单位：北京城建一建设发展有限公司

监理单位：北京星舟工程管理有限公司

"书院"生活：北航沙河新社区设计建造记